高等职业教育建设工程管理类专业系列教材

GAODENG ZHIYE JIAOYU JIANSHE GONGCHENG GUANLILEI ZHUANYE XILIE JIAOCAI

U0670692

GONGCHENGLIANG JISUAN XITIJI

工程量计算习题集

（第2版）

主　编／胡晓娟

副主编／高红艳　侯　兰

重庆大学出版社

内容提要

本习题集主要根据《建筑安装工程费用项目组成》(建标〔2013〕44号)、《建筑工程建筑面积计算规范》(GB/T 50353—2013)、《建设项目施工图预算编审规程》(CECA/GC 5—2010)、2020年《四川省建设工程工程量清单计价定额》、国家现行设计标准及西南现行图集进行编写。本习题集包括工程造价基础知识、工程量计算、工程造价计算3个部分,工程量计算涵盖了建筑工程、装饰工程。本习题集参考了工程造价执业资格考试大纲及要求,有单选题、多选题、判断题、填空题、计算题和思考题等题型。

本习题集既可以与职业院校工程造价专业"工程量计算"或"建筑工程预算"课程配套使用,也可以与建筑工程管理、建筑工程技术等专业的工程造价类课程配套使用,还可以作为造价人员的自学资料。

图书在版编目(CIP)数据

工程量计算习题集 / 胡晓娟主编. -- 2版. -- 重庆：
重庆大学出版社,2023.8
高等职业教育建设工程管理类专业系列教材
ISBN 978-7-5624-9924-4

Ⅰ.①工… Ⅱ.①胡… Ⅲ.①建筑工程—工程造价—
高等职业教育—习题集 Ⅳ.①TU723.3-44

中国国家版本馆 CIP 数据核字(2023)第 133509 号

高等职业教育建设工程管理类专业系列教材

工程量计算习题集

(第2版)

主 编 胡晓娟
副主编 高红艳 侯 兰
责任编辑:刘颖果 版式设计:刘颖果
责任校对:谢 芳 责任印制:赵 晟

*

重庆大学出版社出版发行
出版人:陈晓阳
社址:重庆市沙坪坝区大学城西路 21 号
邮编:401331
电话:(023)88617190 88617185(中小学)
传真:(023)88617186 88617166
网址:http://www.cqup.com.cn
邮箱:fxk@cqup.com.cn(营销中心)
全国新华书店经销
重庆市联谊印务有限公司印刷

*

开本:787mm×1092mm 1/16 印张:11 字数:289 千
2016 年 8 月第 1 版 2023 年 8 月第 2 版 2023 年 8 月第 5 次印刷
印数:10 001—13 000
ISBN 978-7-5624-9924-4 定价:32.00 元

前　言

　　计算工程量和确定建筑工程预算造价是高职院校工程造价专业学生的基本能力,只有理论联系实践,多操作练习,才能快速掌握工程量计算的方法,熟悉预算造价的计算程序。本习题集主要根据《建筑安装工程费用项目组成》(建标〔2013〕44 号)、《建筑工程建筑面积计算规范》(GB/T 50353—2013)、《建设项目施工图预算编审规程》(CECA/GC 5—2010)、2020 年《四川省建设工程工程量清单计价定额》、国家现行设计标准及西南现行图集编写而成。

　　本习题集包括工程造价基础知识、工程量计算、工程造价计算 3 个部分,参考了工程造价执业资格考试大纲及要求,有单选题、多选题、判断题、填空题、计算题和思考题等题型,内容全面且有一定的深度,重视与施工组织设计等知识的衔接,有利于培养学生的综合能力。

　　本习题集图例丰富,不仅有代表性的工程图例,还有完整的工程图纸,从简单到复杂、局部到完整,有利于练习者计量能力的提升。本习题集以四川省计价定额为主要依据,为了让练习者了解不同地区的预算定额,附录中摘录了北京、重庆等地区的预算定额。

　　本习题集既可以与职业院校工程造价专业"工程量计算"或"建筑工程预算"课程配套使用,也可以与建筑工程管理、建筑工程技术等专业的工程造价类课程配套使用,还可以作为造价人员的自学资料。

　　本习题由四川建筑职业技术学院工程造价专业教师团队编写,侯兰编写整理第一部分,高红艳、侯兰、胡晓娟编写整理第二部分,胡晓娟编写整理第三部分及附录。

　　由于编者的水平有限,习题集还有不完善之处,希望读者提出宝贵意见和建议。

编　者

2023 年 4 月

目 录

第一部分　工程造价基础知识

第一章　建筑安装工程费用 ………………………………………………………………… 1

第二章　定额的组成及应用 ………………………………………………………………… 6

第三章　建筑面积计算 ……………………………………………………………………… 13

第二部分　工程量计算

第四章　建筑与装饰工程 …………………………………………………………………… 17

　A　土石方工程 ……………………………………………………………………………… 17

　B　地基处理与边坡支护工程 ……………………………………………………………… 26

　C　桩基工程 ………………………………………………………………………………… 28

　D　砌筑工程 ………………………………………………………………………………… 30

　E　混凝土及钢筋混凝土工程 ……………………………………………………………… 39

　F　金属工程（装配式钢结构工程） ……………………………………………………… 57

　G　木结构工程 ……………………………………………………………………………… 61

　H　门窗工程 ………………………………………………………………………………… 63

　J　屋面及防水工程 ………………………………………………………………………… 67

　K　保温、隔热、防腐工程 ………………………………………………………………… 71

　L　楼地面装饰工程 ………………………………………………………………………… 75

　M　墙柱面装饰与隔断工程 ………………………………………………………………… 82

　N　天棚工程 ………………………………………………………………………………… 87

P 油漆、涂料、裱糊工程 ………………………………………… 91

Q 其他装饰工程 …………………………………………………… 94

R 拆除工程 ………………………………………………………… 97

S 措施项目 ………………………………………………………… 98

第三部分　工程造价计算

第五章　工程造价计算 ……………………………………………… 104

模拟试卷 ……………………………………………………………… 122

附　录

附录一　某单层砖混结构实习车间工程 ……………………………… 132

附录二　某单层框架车库施工图 ……………………………………… 139

附录三　某二层框架办公楼施工图 …………………………………… 149

附录四　地区定额摘录 ………………………………………………… 157

第一部分　工程造价基础知识

第一章　建筑安装工程费用

【练习目标】
(1)掌握建筑安装工程费用的构成;
(2)掌握企业管理费、利润的计算方法;
(3)熟悉建筑企业缴纳增值税的相关规定。

一、单选题(选择最符合题意的答案)

1.按照建标〔2013〕44号文,建筑安装工程费用按照造价形成分为(　　　)。
　A.直接费、间接费、利润和税金
　B.人工费、材料费、施工机械使用费、企业管理费、利润、规费、税金
　C.人工费、材料费、施工机具使用费、企业管理费、利润、规费、税金
　D.分部分项工程费、措施项目费、其他项目费、规费、税金

2.按照建标〔2013〕44号文,建筑安装工程费用按照费用构成要素分为(　　　)。
　A.直接费、间接费、利润和税金
　B.投资估算、设计概算、招标控制价、投标报价、工程结算、工程决算
　C.人工费、材料费、施工机具使用费、企业管理费、利润、规费、税金
　D.分部分项工程费、措施项目费、其他项目费、规费、税金

3.按照建标〔2013〕44号文,规费属于不可竞争费用,下列费用中(　　　)不属于规费。
　A.住房公积金　　　　B.劳动保险费　　　　C.失业保险费　　　　D.医疗保险费

4.按照建标〔2013〕44号文,住房公积金属于(　　　)。
　A.企业管理费　　　　B.直接费　　　　　　C.规费　　　　　　　D.措施费

5.按照建标〔2013〕44号文,政府和有关权力部门规定必须缴纳的费用是(　　　)。
　A.企业管理费　　　　B.直接费　　　　　　C.规费　　　　　　　D.利润

6.按照建标〔2013〕44号文,材料二次搬运费应计入(　　　)。
　A.企业管理费　　　　B.分部分项工程费　　C.规费　　　　　　　D.措施费

7.按照建标〔2013〕44 号文,下列建筑安装工程费用中应列入企业管理费的是(　　)。

　　A.中小型施工机械的安拆及场外运输费　　B.夜间施工增加费

　　C.新材料试验费　　　　　　　　　　　　D.项目管理人员的工资

8.按照建标〔2013〕44 号文,以下属于措施费的是(　　)。

　　A.住房公积金　　　B.工程排污费　　　C.社会保险费　　　D.环境保护费

9.按照建标〔2013〕44 号文,大型机械设备进出场及安拆费属于(　　)。

　　A.人工费　　　　　B.材料费　　　　　C.机械费　　　　　D.措施费

10.按照最新的税收规定,建筑安装工程费用中的税金包括(　　)。

　　A.营业税　　　　　B.增值税、附加税　　C.增值税销项税额　　D.增值税进项税额

11.对于建筑安装工程项目,当前增值税一般计税法的销项增值税税率为(　　)。

　　A.11%　　　　　　B.10%　　　　　　C.9%　　　　　　　D.8%

12.增值税一般计税法的计算公式是(　　)。

　　A.销项税额 = 税前不含税工程造价×销项增值税税率

　　B.销项税额 = 税前含税工程造价×销项增值税税率

　　C.增值税 = 税前不含税工程造价×增值税税率

　　D.进项税额 = 税前不含税工程造价×进项增值税税率

13.根据当地预算定额规定,增值税按照简易计税方法,工程在市区的增值税及附加税费的费率为(　　)。

　　A.3.37%　　　　　B.3.31%　　　　　C.3.19%　　　　　D.3%

14.根据当地预算定额规定,采购材料中的运杂费,其增值税税率均按(　　)进行计算。

　　A.13%　　　　　　B.9%　　　　　　C.6%　　　　　　　D.3%

15.根据当地预算定额规定,以下对措施项目费描述不正确的是(　　)。

　　A.指为完成工程项目施工,发生于该工程施工前和施工过程中技术、生活、安全、环境
　　　保护等方面的费用

　　B.措施项目费分为总价措施项目费和单价措施项目费

　　C.定额未列出的单价措施项目,可根据工程实体情况补充

　　D.定额未列出的单价措施项目,不能根据工程实体情况补充

16.根据当地预算定额规定,以下对安全文明施工费描述不正确的是(　　)。

　　A.不得作为竞争性费用　　　　　　　　B.按基本费和现场评价费计列

　　C.工程所在地不同执行不同标准　　　　D.计税方法不同执行不同标准

17.根据当地预算定额规定,以下对规费描述不正确的是(　　)。

　　A.不得作为竞争性费用

　　B.编制招标控制价(标底)时,按"规费费率计取表"中Ⅳ档计取

　　C.编制投标报价时,按招标人在招标文件中公布的金额计取

　　D.编制竣工结算时,按企业实际资质计取

二、多选题(多选、错选不得分)

1.按照建标〔2013〕44 号文,以下内容描述正确的是(　　)。

　　A.砌筑工的工资计入人工费　　　　　　B.架子工的工资计入人工费

　　C.塔吊司机的工资计入施工机械使用费　　D.项目造价人员的工资计入人工费

　　E.项目经理的工资计入企业管理费

2.按照建标〔2013〕44号文,安全文明施工费包括(　　　)。

  A.安全施工费　　　　B.文明施工费　　　　C.临时设施费　　　　D.环境保护费

  E.二次搬运费

3.按照建标〔2013〕44号文,以下对总承包服务费描述正确的是(　　　)。

  A.总承包服务费由总包单位支付给分包单位

  B.当发包人进行专业工程分包时,总承包人应计取总承包服务费

  C.当发包人自行供应材料、设备时,应计取总承包服务费

  D.总承包服务包括对发包人发包的专业工程进行施工现场协调和统一管理

  E.总承包服务包括对发包人发包的专业工程竣工资料进行统一汇总整理

4.纳税人分为(　　　)。

  A.一般纳税人　　　　B.特殊纳税人　　　　C.大规模纳税人　　　　D.小规模纳税人

5.根据当前计税规定,附加税包括(　　　)。

  A.城市维护建设税　　B.教育费附加　　　　C.地方教育费附加　　　D.印花税

  E.车船使用税

6.以下属于总价措施项目费的是(　　　)。

  A.安全文明施工费　　B.夜间施工费　　　　C.综合脚手架　　　　D.二次搬运费

  E.混凝土、钢筋混凝土模板及支架费

7.根据当地预算定额规定,在编制工程竣工结算时,以下对安全文明施工费计取描述正确的是(　　　)。

  A.承包人向安全文明施工费费率测定机构申请测定费率,并出具"建设工程安全文明施工措施评价及费率测定表"的,按"建设工程安全文明施工措施评价及费率测定表"测定的费率办理竣工结算

  B.承包人未向安全文明施工费费率测定机构申请测定费率的,只能按规定计取安全文明施工费基本费

  C.对因发包人原因造成施工安全监督机构未核定安全文明施工费措施最终评价得分,承包人无法向安全文明施工费费率测定机构申请测定费率的,只能按规定计取安全文明施工费基本费

  D.对发包人直接发包的专业工程,未纳入总包工程现场评价范围,施工安全监督机构也未单独进行现场评价的,其安全文明施工费以发包人直接发包的工程类型,只能按规定计取基本费费率

  E.发包人直接发包的专业工程,纳入总包工程现场评价范围但不单独进行安全文明施工措施现场评价的,其安全文明施工费按该工程总包人的"建设工程安全文明施工措施评价及测定表"测定的费率执行

三、判断题(正确的打"√",错误的打"×")

1.一个机械台班为一台机械工作12 h。　　　　　　　　　　　　　　　　　　(　　　)

2.材料原价是指材料从来源地运到工地仓库或堆放场地后的出库价格。　　(　　　)

3.当地预算定额的定额综合计价为不含税综合计价。　　　　　　　　　　　(　　　)

4.根据当前计税规定,建设单位自行采购全部或部分钢材、混凝土、砌体材料、预制构件的,适用简易计税方法计税。　　　　　　　　　　　　　　　　　　　　　　(　　　)

5.小规模纳税人提供应税服务适用简易计税方法计税。　　　　　　　　　　(　　　)

6.采购材料取得发票就可以作为扣税凭证。 （　　）

7.材料价格包括材料原价、运杂费、运输损耗、采购报关费等。 （　　）

8.材料预算价格应是含税价格,当地预算定额的材料基价为不含税价格。 （　　）

9.施工机械按照国家规定应缴纳的车船使用税、保险费及年检费应计入企业管理费。
（　　）

10.企业按规定发放的工作服、手套、防暑降温饮料等劳动保护用品支出应计入企业管理费。 （　　）

四、计算题

1.已知:某公司采购 300 m³ 石子,石子原价为 58 元/m³,运输费为 0.4 元/m³,装卸费为 0.5元/m³,运输损耗率为 2%,采购保管费费率为 2%。依据建标〔2013〕44 号文规定,请计算材料采购保管费。

计算过程:

2.已知:某公司采购一批钢材,钢材原价为 4 300 元/t,运输费为 120 元/t,装卸费为 80 元/t,采购保管费费率为 2%。依据建标〔2013〕44 号文规定,请计算材料单价。

计算过程:

3.已知:某公司采购 500 m³ 砂,砂原价为 50 元/m³,运输费为 0.05 元/(m³·km),运距为 40 km,装卸费为 0.5 元/m³,运输损耗率为 2%,采购保管费费率为 2%。依据建标〔2013〕44 号文规定,请计算材料单价。

计算过程:

4.已知:塔吊的成交价为 120 000 元,购置附加税税率为 10%,运杂费为 4 000 元,耐用总台班 2 000 个,残值率为 5%。试计算台班折旧费。

计算过程:

5.已知:塔吊大修理费为 10 000 元,大修理周期为 7 个,耐用总台班为 3 000 个。试计算台班大修理费。

计算过程:

6.已知:生产工人年工资为 24 000 元,年奖金、津贴补贴、特殊情况下支付的工资为30 000元,一年按 365 天计算,共 52 周,法定假日 28 天(不含周末)。试计算日工资单价。

计算过程:

7.已知外墙乳胶漆有 3 个供货商,具体信息见表 1,试计算材料单价,所有价格均为未含税价格。

表 1

供货商	供货数量 /kg	供货单价 /(元·kg⁻¹)	运输单价 /(元·kg⁻¹)	装卸费 /(元·kg⁻¹)	运输损耗率 /%	采购保管费率/%
甲	2 100	45	0.04	0.020	3	2
乙	2 200	46	0.05	0.023	3	2
丙	2 400	48	0.04	0.022	3	2

第二章 定额的组成及应用

【练习目标】
(1)掌握预算定额的构成;
(2)能对分项工程项目表中的数据进行分析;
(3)能正确套用定额;
(4)能进行定额换算。

一、单选题(选择最符合题意的答案)

1.根据当地预算定额规定,关于定额的适用范围,下列说法不正确的是( )。

　A.建筑工程适用于工业与民用建筑工程以及建筑物和构筑物的装饰、装修工程及拆除

　B.装饰装修工程适用于工业与民用建筑物的装饰装修,不包括构筑物的装饰装修工程

　C.通用安装工程适用于工业与民用安装工程

　D.市政工程适用于市政建设工程

2.根据当地预算定额规定,下列说法不正确的是( )。

　A.反映了该地区施工技术和施工机械装备的社会平均水平

　B.是该地区行政区域内编审施工图预算的依据

　C.是该地区行政区域内编审标底的依据

　D.是该地区行政区域内编审投标报价的依据

3.四川省现行的建设工程预算定额的名称是( )。

　A.《四川省建设工程工程量清单计价定额》

　B.《四川省建设工程计价定额》

　C.《四川省建设工程量清单计价定额》

　D.《四川省建设工程预算定额》

4.四川省现行建设工程定额版本是( )年的。

　A.2004　　　　　　　　B.2009　　　　　　　　C.2015　　　　　　　　D.2020

5.四川省建设工程预算定额属于( )。

　A.全国统一定额　　　B.地方定额　　　　　C.企业定额　　　　　D.内部定额

6.凡全部使用国有资金或国有投资为主的建设工程( )按有关规定执行建设工程预算定额。

　A.必须　　　　　　　B.宜　　　　　　　　C.应　　　　　　　　D.可以

7.根据当地预算定额规定,AB0001的第一个字母表示( )。

　A.建筑工程　　　　　　　　　　　　B.建筑与装饰工程

　C.装饰工程　　　　　　　　　　　　D.安装工程

8.根据当地预算定额规定,AD0001的第二个字母表示( )。

　A.土石方工程　　　　　　　　　　　B.桩与地基基础工程

　C.砌筑工程　　　　　　　　　　　　D.混凝土及钢筋混凝土工程

9.(　　)是预算定额的核心内容。

 A.文字说明   B.分项工程项目表 C.附录   D.取费规定

10.当定额项目中的砂浆、混凝土等半成品的配合比与设计单位不同时,(　　)中半成品配合比是定额换算的重要依据。

 A.文字说明   B.分项工程项目表 C.附录   D.取费规定

二、多选题(多选、错选不得分)

1.当地预算定额的定额基价包括(　　)。

 A.人工费   B.材料费和工程设备费

 C.施工机具使用费   D.企业管理费和利润

 E.规费和税金

2.根据当地预算定额规定,综合单价中的人工费包括(　　)。

 A.计时工资或计件工资   B.奖金和津贴补贴

 C.加班加点工资   D.特殊情况下支付的工资

 E.管理人员工资

3.根据当地预算定额规定,特殊情况下支付的工资包括(　　)。

 A.因病、工伤、产假、计划生育假支付的工资

 B.婚丧假、事假、探亲假支付的工资

 C.定期休息、停工学习支付的工资

 D.执行国家或社会义务等原因支付的工资

 E.特殊地区施工津贴

4.根据当地预算定额规定,人工工日消耗量包括(　　)。

 A.基本用工 B.辅助用工 C.其他用工   D.机械操作用工

 E.管理人员用工

5.根据当地预算定额规定,材料费是指施工过程中消耗的(　　)费用。

 A.原材料、辅助材料 B.报废材料 C.构配件、零件 D.半成品或成品

 E.工程设备

6.根据当地预算定额规定,材料费包括(　　)。

 A.材料原价 B.运杂费   C.运输损耗费   D.采购保管费

 E.检验试验费

7.根据当地预算定额规定,材料采购及保管费包括(　　)。

 A.采购费   B.运输损耗费   C.工地保管费   D.仓储费

 E.仓储损耗

三、判断题(正确的打"√",错误的打"×")

1.当地预算定额是当地编审建设工程设计概算、施工图预算、最高投标限价、调节处理工程造价纠纷、鉴定及控制工程造价的依据。   (　　)

2.根据当地预算定额规定,工程设备是指构成或计划构成永久工程一部分的机电设备、钢构件设备、仪器装置及其他类似的工程设备和装置。   (　　)

3.根据当地预算定额规定,施工机具使用费是指施工作业所发生的施工机械费。(　　)

4.根据当地预算定额规定,定额基价不得调整。   (　　)

5.当地预算定额适用于海拔≤2 km地区,工程建设所在地点若海拔高度大于2 km时,定

额综合计价人工费、机械费要考虑海拔降效。 （　　）

6.根据当地预算定额规定,其他材料费在编制设计概算、施工图预算、最高投标限价时不得调整。 （　　）

7.根据当地预算定额规定,遇到两个或两个以上系数时,系数相加后再计算。 （　　）

8.根据当地预算定额规定,以成品编制项目,其成品的制作、运输不再单列,成品单价包括制作及运杂费等。 （　　）

9.根据当地预算定额规定,建筑与装饰工程定额未编制的项目,应按各专业"册说明"规定执行其他专业工程定额相关项目。 （　　）

10.根据当地预算定额规定,定额在执行过程中如遇缺项,由甲乙双方根据定额编制规定自愿编制一次性补充定额,报工程所在地造价管理部门审核后,作为建设工程一次性使用的计价依据。 （　　）

四、思考题

1.总结定额套用的方法。

2.总结各种定额换算类型的思路和方法。

五、计算题

1.定额分析

（1）依据 2020 年《四川省建设工程工程量清单计价定额》,对定额编号为"AD0011"的项目进行分析。

①定额编号"AD0011"中的"A"表示:

②定额编号"AD0011"中的"D"表示:

③该分项工程名称:

④计量单位：

⑤综合单价组成分析：

⑥综合单价中材料费组成分析：

⑦材料消耗分析栏中，"混合砂浆（细砂）M5"的单价组成分析：
227.60＝

⑧材料消耗分析栏中，"水"的消耗量分析：
砂浆用水量：
除砂浆以外的施工用水量：
⑨半成品中的原材料用量分析：
水泥 32.5 用量为 414.027 kg＝
石灰膏用量为 0.324 m³＝
细砂用量为 2.683 m³＝

（2）依据 2020 年《四川省建设工程工程量清单计价定额》，对定额编号为"AE0025"的项目进行分析。

①定额编号"AE0025"中的"A"表示：

②定额编号"AE0025"中的"E"表示：

③该分项工程名称：

④计量单位：

⑤综合单价组成分析：

⑥综合单价中材料费组成分析：

⑦商品混凝土 C30 的损耗率为：

（3）依据 2020 年《四川省建设工程工程量清单计价定额》,试对建筑工程定额中"沥青砂浆屋面变形缝"定额项目进行分析。
①定额编号：

②计量单位：

③综合单价组成分析：

④综合单价中材料费组成分析：

⑤原材料用量分析：

（4）任选一个墙面抹灰项目，按照（1）题的分析思路，自行进行定额数据分析。

2.定额换算

（1）M10 水泥砂浆砌砖基础（细砂）。

（2）M10 混合砂浆砌空心砖墙（细砂）。

（3）水泥砂浆外墙面普通抹灰（特细砂，1∶2.5 水泥砂浆底、1∶2 水泥砂浆面）。

（4）混合砂浆砖墙抹灰（细砂，24 mm 厚，1∶1∶4混合砂浆底、1∶0.5∶2.5 混合砂浆面）。

（5）C25 混凝土矩形柱（商品混凝土，C25 商品混凝土单价为 360 元/m³）。

（6）C40 混凝土矩形柱（中砂，碎石 5~40 mm）。

（7）M10 混合砂浆砌弧形实心砖墙（细砂）

（8）C20 细石混凝土楼地面面层 50 mm 厚（特细砂，砾石粒径≤10 mm）

（9）C35 直形楼梯（商品混凝土，厚 220 mm，C35 商品混凝土单价为 380 元/m³）

（10）1:3 普通水磨石地面面层（面厚 20 mm，底厚 15 mm，特细砂，不带嵌条）。
计算条件：人工费调增 9.08%，中砂市场价格为 120 元/m³。

第三章　建筑面积计算

【练习目标】

(1)掌握建筑面积计算的相关规定;

(2)能根据现行《建筑工程建筑面积计算规范》和当地预算定额相关规定正确计算建筑面积。

一、单选题(选择最符合题意的答案)

1.以下对建筑面积计算描述错误的是(　　)。

　A.按建筑物外墙结构外围水平面积之和计算

　B.按建筑物自然层外墙结构外围水平面积计算

　C.结构层高在 2.20 m 及以上的,应计算全面积

　D.结构层高在 2.20 m 以下的,应计算 1/2 面积

2.以下对坡屋顶的建筑面积计算描述正确的是(　　)。

　A.净高在 2.10 m 及以上的部位,应全部计算全面积

　B.净高不足 2.10 m 的部位,应全部计算 1/2 面积

　C.净高不足 2.10 m 的部位,不应计算建筑面积

　D.净高为 1.20 m 的部位,不应计算建筑面积

3.建筑物的(　　)不能按建筑物的自然层计算建筑面积。

　A.无围护结构的观光电梯　　　　　　　B.室内楼梯间

　C.通风排气竖井　　　　　　　　　　　D.电梯井

4.以下对单层建筑物的建筑面积计算描述正确的是(　　)。

　A.均计算全面积

　B.结构层高在 2.20 m 及以上者应计算全面积

　C.结构层高在 2.10 m 及以上者应计算全面积

　D.净高在 2.20 m 及以上者应计算全面积

5.以下对单层建筑物内设有局部楼层者的建筑面积计算描述正确的是(　　)。

　A.局部楼层的二层及以上楼层,有围护结构的应按其围护结构外围水平面积计算

　B.局部楼层的二层及以上楼层,无围护结构的应按其结构顶板水平面积计算

　C.局部楼层的二层及以上楼层,净高在 2.20 m 及以上者应计算全面积

　D.局部楼层的二层及以上楼层,净高不足 2.20 m 者应计算 1/2 面积

6.以下对地下室、半地下室的建筑面积计算描述不正确的是(　　)。

　A.出入口外墙外侧坡道有顶盖的部位,应按其外墙结构外围水平面积的 1/2 计算

　B.结构层高不足 2.20 m 者应计算 1/2 面积

　C.应按其结构内侧水平面积计算

　D.结构层高在 2.20 m 及以上者应计算全面积

7.以下对架空走廊的建筑面积计算描述不正确的是( )。

A.建筑物间有围护结构的架空走廊,应按其围护结构外围水平面积计算

B.结构层高在2.20 m及以上者应计算全面积

C.结构层高不足2.20 m者应计算1/2面积

D.有永久性顶盖无围护结构的不计算建筑面积

8.以下对建筑面积计算描述不正确的是( )。

A.窗台与室内楼地面高差在0.45 m以下且结构净高在2.10 m及以上的凸(飘)窗,应按其围护结构外围水平面积计算1/2面积

B.建筑物外有围护结构的门斗,层高在2.20 m及以上者应计算全面积

C.建筑物外有围护设施的挑廊,应按其结构底板水平面积计算全面积

D.附属在建筑物外墙的落地橱窗,结构层高在2.20 m以上的,应按其结构外围水平面积计算全面积

9.以下对建筑面积计算描述正确的是( )。

A.建筑物的外墙外保温层,应按其保温材料的水平截面积计算

B.与室内相通的变形缝不计算建筑面积

C.装饰性结构构件,应按其水平截面积计算

D.室外楼梯应并入所依附建筑物的自然层,按其水平投影面积计算

二、多选题(多选、错选不得分)

1.以下不计算建筑面积的是( )。

A.建筑物通道(骑楼、过街楼的底层)　　B.建筑物内的设备管道夹层

C.挑出宽度在2.10 m以下的有柱雨篷　　D.装饰性幕墙

E.屋顶水箱、花架、凉棚、露台、露天游泳池

2.以下需要计算建筑面积的是( )。

A.建筑物内的变形缝

B.建筑物外墙镶贴面厚度所占面积

C.以幕墙作为围护结构的建筑物,幕墙厚度所占的面积

D.建筑物外墙外侧有保温隔热层,保温隔热层厚度所占的面积

E.室外钢楼梯、爬楼

3.以下描述正确的是( )。

A.雨篷结构的外边线至外墙结构外边线的宽度超过2.10 m者,按雨篷结构板的水平投影面积的1/2计算建筑面积

B.有永久性顶盖的室外楼梯,应按建筑物自然层的水平投影面积的1/2计算建筑面积

C.建筑物的挑阳台应按其水平投影面积的1/2计算建筑面积

D.雨篷结构的外边线至外墙结构外边线的宽度超过1.20 m者,按雨篷结构板的水平投影面积的1/2计算建筑面积

E.建筑物的封闭阳台应按其结构板底计算全面积

4.以下不计算建筑面积的是( )。

A.勒脚、附墙柱、垛　　　　　　　　B.落地橱窗

C.装饰性幕墙、空调室外机搁板(箱)　D.宽度在2.10 m及以内的雨篷

E.建筑物内不相连通的装饰性阳台、挑廊

5.以下描述正确的是(　　　)。

A.建筑物顶部的水箱间,结构层高在 2.20 m 及以上的应计算全面积

B.屋顶水箱应计算 1/2 面积

C.建筑物内的设备层应计算 1/2 面积

D.超过两个楼层的无柱雨篷不计算建筑面积

E.室外爬梯计算 1/2 面积

三、判断题(正确的打"√",错误的打"×")

1.建筑物的门厅、大厅按所占自然层计算建筑面积。　　　　　　　　　　　(　　　)

2.门厅大厅内设有回廊时,应按其结构顶板水平面积计算。　　　　　　　(　　　)

3.立体书库、立体仓库、立体车库,无结构层的应按一层计算建筑面积,有结构层的应按其结构层面积分别计算建筑面积。　　　　　　　　　　　　　　　　　(　　　)

4.有围护结构的舞台灯光控制室,应按其围护结构外围水平面积计算。　　(　　　)

5.有永久性顶盖无围护结构的车棚、货棚、站台、加油站、收费站等,应按其顶盖水平投影面积的 1/2 计算建筑面积。　　　　　　　　　　　　　　　　　　(　　　)

6.无围护结构的观光电梯不计算建筑面积。　　　　　　　　　　　　　(　　　)

7.独立烟囱、烟道、地下人防通道不计算建筑面积。　　　　　　　　　　(　　　)

8.有围护设施或柱的檐廊应按其围护设施或柱的外围水平面积计算全面积。　(　　　)

9.自动扶梯、自动人行道不计算建筑面积。　　　　　　　　　　　　　　(　　　)

四、填空题

1.地下室、半地下室应按其结构外围水平面积计算,结构层高在_____ m 及以上的,应计算全面积;结构层高在_____ m 以下的,应计算 1/2 面积。

2.建筑物架空层及坡地建筑物吊脚架空层,应按其_____水平投影计算建筑面积。结构层高在 2.20 m 及以上的,应计算全面积;结构层高在 2.20 m 以下的,应计算 1/2 面积。

3.窗台与室内楼地面高差在_____ m 以下且结构净高在_____ m 及以上的凸(飘)窗,应按其围护结构外围水平面积计算 1/2 面积。

五、计算题

1.计算条件:某建筑物室内外高差为 300 mm,凸窗距地高度为 0.4 m,墙厚均为 240 mm。

2.计算要求:依据图纸(图 1 和图 2)、建筑面积计算规则,计算该建筑物的建筑面积。

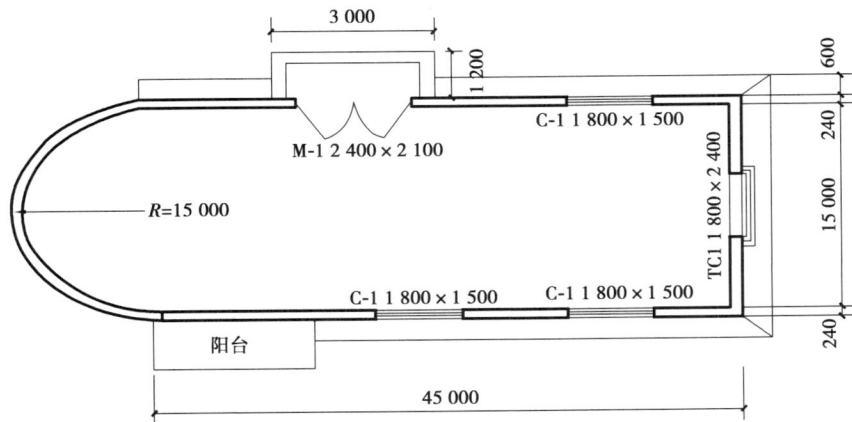

图 1　底层平面图

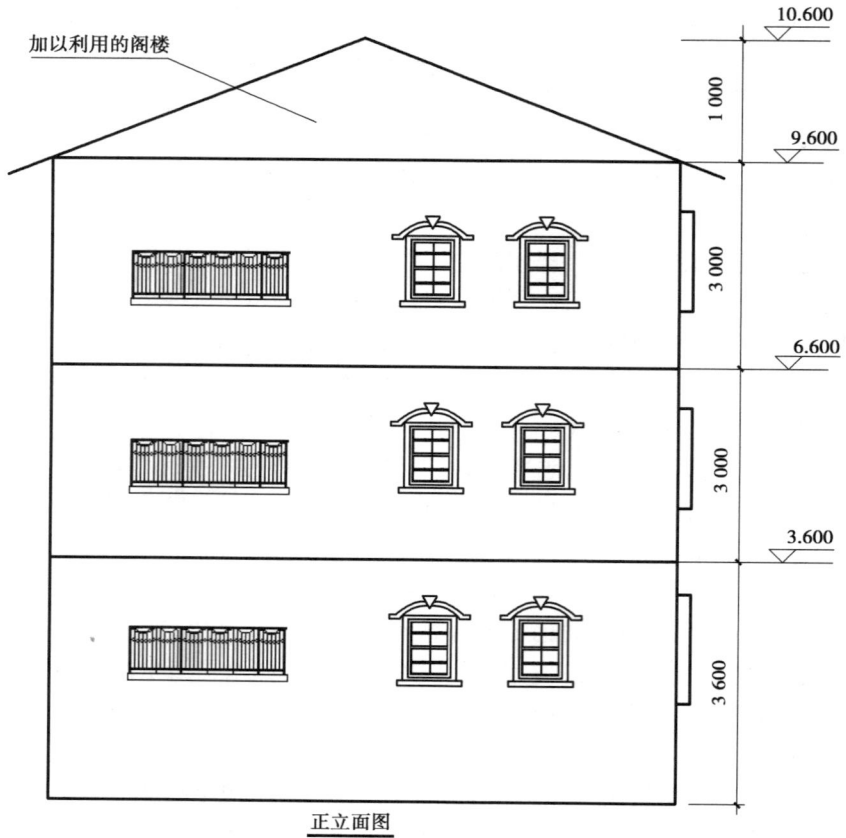

图2　正立面图

第二部分 工程量计算

第四章 建筑与装饰工程

【练习目标】
(1)掌握工程量计算的步骤和方法;
(2)熟悉建筑与装饰工程主要计算规则;
(3)能根据当地预算定额进行建筑与装饰工程的工程量计算。

A 土石方工程

一、单选题(选择最符合题意的答案)

1.根据当地预算定额规定,下列描述不正确的是(   )。

A.建筑物场地厚度在≤±30 cm以内的挖、填、运、找平,应按定额中的平整场地项目计算

B.沟槽、地坑定额是按照干湿土综合编制的

C.按竖向布置进行挖填土方时,应先计算平整场地工程量

D.桩间挖土的工程量计算不扣除桩所占体积

2.根据当地预算定额规定,原槽做基础垫层时,放坡应从(   )开始计算。

A.垫层下表面   B.垫层上表面   C.基础顶标高   D.不考虑放坡系数

3.根据当地预算定额规定,以下对土石方描述不正确的是(   )。

A.挖土方平均厚度应按自然地面测量标高至设计地坪标高间的平均厚度确定

B.基础土方、石方开挖应按基础垫层底表面标高至交付施工场地标高确定

C.无交付施工场地标高时,应按自然地面标高确定

D.挖地坑土方应按基底标高至设计室内地坪标高确定

4.根据当地预算定额规定,以下对土石方描述不正确的是(   )。

A.“土石方回填”项目中的“夯填”适用基础回填

B.“土石方回填”项目中的“夯填”适用室内回填

C.土石方均未包括在地下水位以下施工的排水费用

D.土石方运输按挖掘后的虚方体积计算

5.根据当地预算定额,以下对土石方描述不正确的是( )。

A.土石方回填按设计图示尺寸以体积计算

B.场地回填按回填面积乘以平均回填厚度计算

C.室内回填按主墙间净面积乘以回填厚度计算

D.基础回填按挖方体积减去设计室内地坪以下埋设的基础体积计算

6.根据当地预算定额规定,以下对土石方描述不正确的是( )。

A.底宽小于等于 7 m 且底长大于 3 倍底宽的为沟槽

B.底长小于等于 3 倍底宽且底面积小于等于 150 m² 的为基坑

C.挖沟槽、基坑因工作面和放坡增加的工作量不应并入土方工程量内

D.挖淤泥工程量按体积计算

二、多选题(多选、错选不得分)

1.根据当地预算定额规定,以下对土石方工程量计算规则描述正确的是( )。

A.平整场地按设计图示尺寸以建筑物首层建筑面积计算

B.挖土方按设计图示尺寸和有关规定以体积计算

C.挖土方、地槽、地坑需放坡时,应按经发包人认可的施工组织设计规定计算

D.无施工组织设计时,放坡系数应按当地预算定额中的放坡系数计算

E.计算土方放坡时,在交接处所产生的重复工程量应予扣除

2.根据当地预算定额规定,以下描述正确的( )。

A.挖沟槽土方,按照沟槽长度乘以沟槽截面积计算,外墙沟槽按照外墙中心线长度计算,内墙沟槽按净长计算

B.挖沟槽土方,其凸出部分体积并入挖沟槽土方工程量内

C.机械挖土方(大开挖)工作内容包括挖土、弃土于 5 m 以内,清理机下余土;人工清底修边

D.土石方外运距离超过 15 km 时,15 km 以内套定额,15 km 以外按市场运输费计算

E.机械挖装土方(大开挖),汽车配合外运 15 km 以内,定额套用为 AA0004+AA0091

三、判断题(正确的打"√",错误的打"×")

1.根据当地预算定额规定,机械挖土方的工作内容包括挖土、弃土于 5 m 以内,清理机下余土;人工清底修边。 ( )

2.根据当地预算定额规定,土石方体积应按挖掘前的天然密实体积计算。 ( )

3.根据当地预算定额规定,满堂基础按挖土方项目计算。 ( )

4.根据当地预算定额规定,"挖基础土方"项目适用于基础土方沟槽、坑开挖。 ( )

5.根据当地预算定额规定,桩间挖土方工程量不扣除桩占体积,按每根桩增加技工 0.6 工日计算。 ( )

6.根据当地预算定额规定,机械挖土石方需单独计算人工挖死角。 ( )

7.根据当地预算定额规定,人工挖零星土方适用于机械大开挖后由另外一家单位人工捡底及竖向布置挖方量≤50 m³ 的挖土。 ( )

8.根据当地预算定额规定,基础及管沟施工时增加的工作面,应按经发包人认可的施工组织设计规定计算。 ( )

9.根据当地预算定额规定,基底钎探以垫层(或基础)底面积计算。 ( )

四、思考题

1.本地区定额中土壤的分类有哪些?

2.本地区定额中岩石的分类有哪些?

3.土壤类别与其工程量计算有何关系?

4.岩石类别与其工程量计算有何关系?

五、填空题

1.根据当地预算定额规定,沟槽、基坑深度超过 6 m 时,按深 6 m 定额乘以系数_____计算;超过 8 m 以外者,按深 6 m 定额乘以系数_____计算。

2.根据当地预算定额规定,挖掘机挖淤泥流砂若采用自卸汽车运输,按土方运输项目人工、机械乘以系数_____。

3.根据当地预算定额规定,土方大开挖深度超过 6 m 时,按相应定额项目乘以系数_____。

4.根据当地预算定额规定,挖土方、地槽、地坑需放坡,如施工组织设计无规定,三类土挖土深度超过或等于_____ m 时开始放坡。

六、计算题

1.某带形基础如图 1 所示,已知室外地坪标高为-0.15 m,土壤类别为三类,人工挖土放坡系数为 1:0.33,放坡起点为 1.5 m,垫层为非原槽浇筑,工作面为 0.3 m。根据当地预算定额规定,请计算该带形基础的挖基槽土方工程量。(结果保留两位小数)

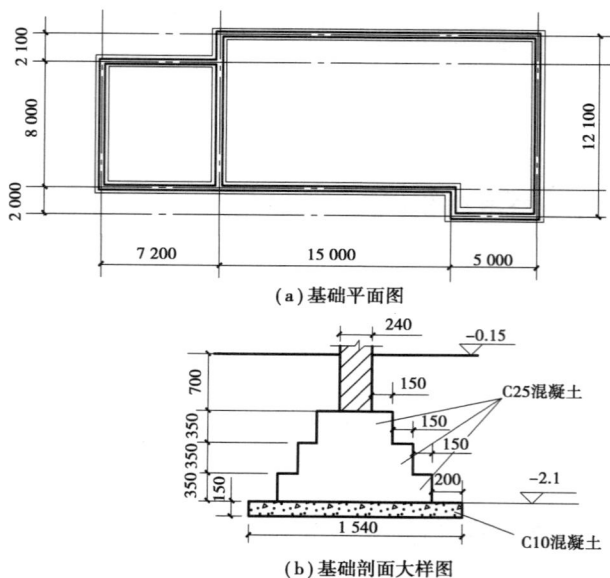

（a）基础平面图

（b）基础剖面大样图

图 1　某带形基础平面图及剖面大样图

2.某带形基础如图 1 所示,已知室外地坪标高为-0.15 m,土壤类别为三类,人工挖土放坡系数为 1:0.33,放坡起点为 1.5 m,垫层为原槽浇筑,工作面为 0.3 m。根据当地预算定额规定,请计算该带形基础的挖基槽土方工程量。(结果保留两位小数)

3.某独立基础如图 2 所示,已知室外地坪标高为-0.45 m,土壤类别为三类,人工挖土放坡系数为 1∶0.33,放坡起点为 1.5 m,垫层为非原槽浇筑,工作面为 0.3 m。根据当地预算定额规定,请计算该独立基础的挖基坑土方工程量。(结果保留两位小数)

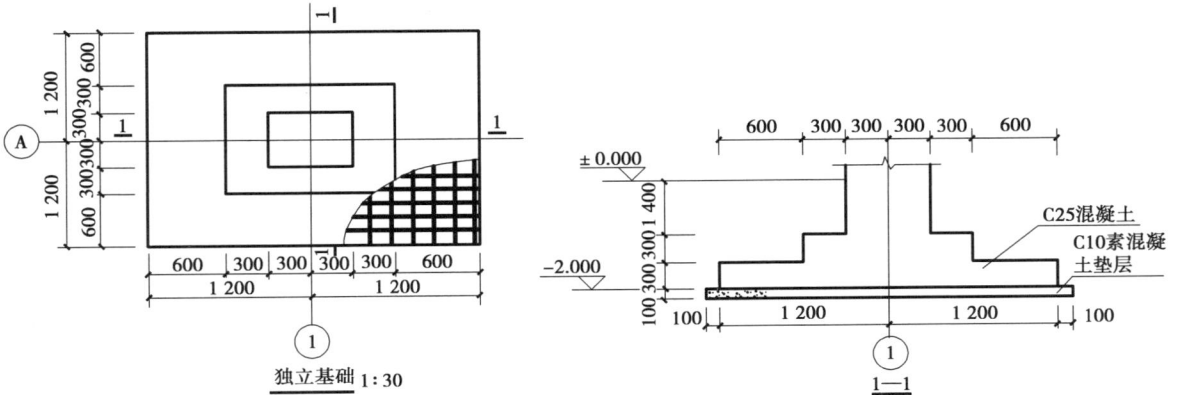

图 2　某独立基础图

4.某独立基础如图 2 所示,已知室外地坪标高为-0.45 m,土壤类别为三类,垫层为原槽浇筑。根据当地预算定额规定,请计算该独立基础的挖基坑土方工程量。(结果保留两位小数)

5.某独立基础如图 2 所示,已知室外地坪标高为 −0.45 m,土壤类别为三类,支挡土墙开挖,垫层为非原槽浇筑,工作面为 0.3 m。根据当地预算定额规定,请计算该独立基础的挖基坑土方工程量。(结果保留两位小数)

6.某单层建筑底层平面图如图 3 所示,已知层高 3.5 m。根据当地预算定额规定,请计算该工程平整场地工程量。(结果保留两位小数)

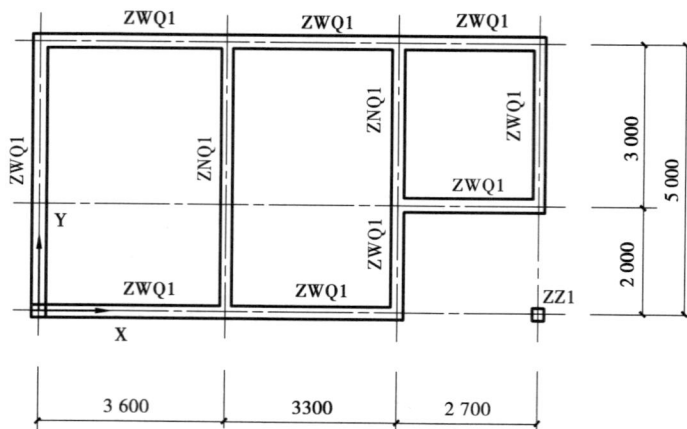

图 3　某单层建筑底层平面图

7.某工程基础平面图如图 4 所示,已知混凝土垫层宽 $B=1.2$ m,工程非原槽浇筑。根据当地预算定额规定,请计算该工程挖基槽长度。(结果保留两位小数)

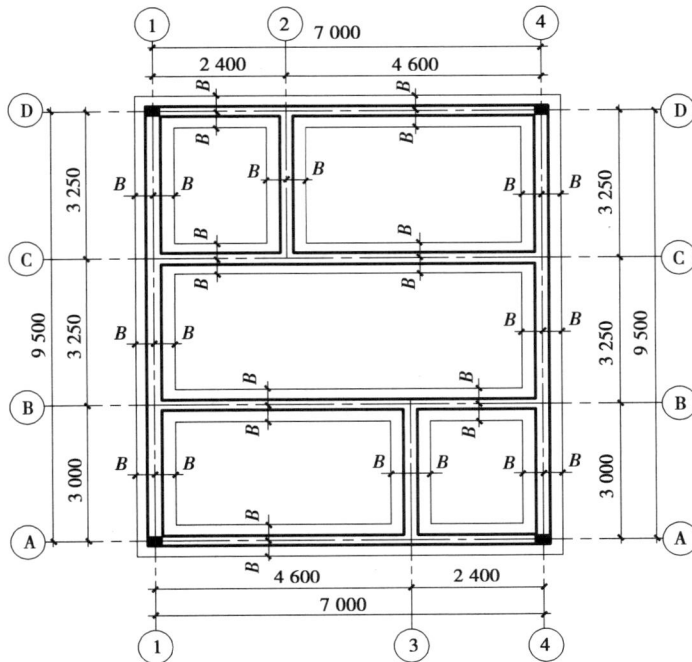

基础平面布置图

图 4　某工程基础平面布置图

8.某工程 0.000 以下施工图如图 5 所示,计算条件如下:

(1)本工程室内外高差为 450 mm;

(2)基础垫层为非原槽灌浆,垫层支模且宽出基础 100 mm;

(3)垫层厚度为 100 mm;

(4)独基、条基标高尺寸详见图纸;

(5)墙体厚度均为 240 mm,居中布置。

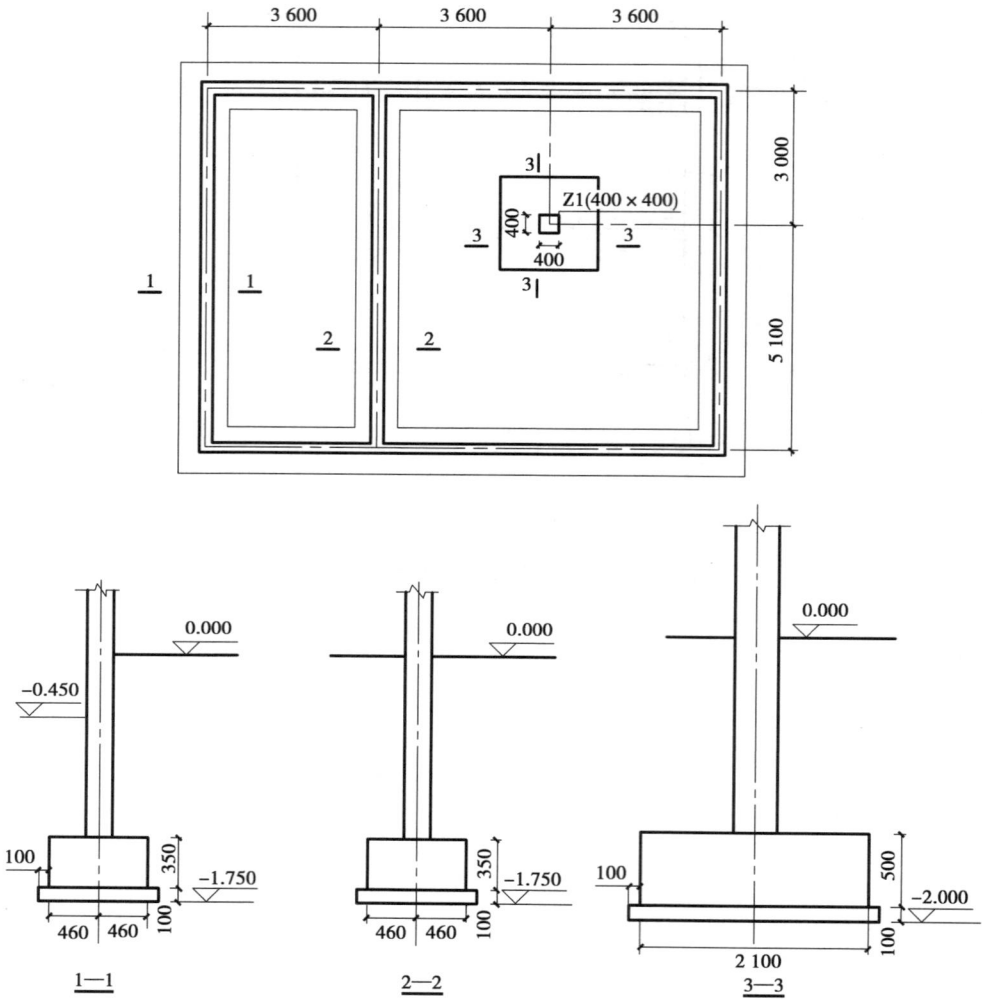

图 5 某工程 0.000 以下施工图

根据当地预算定额规定,请计算以下工程量:(结果保留两位小数)

(1)场地平整工程量;

(2)挖基坑土方工程量;

(3)挖沟槽土方工程量。

B 地基处理与边坡支护工程

一、单选题（选择最符合题意的答案）

1.根据当地预算定额规定,以下对地基处理与边坡支护工程分部描述不正确的是（ ）。

A.本分部所称桩径、孔径均指实际施工完成的桩径和孔径

B.本分部不包括弃土外运

C.本分部不包括地下障碍物清理

D.本分部不包括监测费用,发生时另行计算

2.根据当地预算定额规定,以下对地基处理与边坡支护工程分部描述不正确的是（ ）。

A.振冲桩（填料）项目的空桩部分按振冲密实（不填料）相应定额计算,填料的品种、规格与定额不同时,按实调整

B.振冲桩（填料）项目的空桩部分按振冲密实（不填料）相应定额计算,填料量的比例按勘察报告或现场签证确定

C.砂石桩项目的材料品种、规格与定额不同时,应按实调整

D.水泥粉煤灰碎石桩的截桩头工作,包括在项目内,不再单独计算

3.根据当地预算定额规定,以下对地基处理与边坡支护工程分部描述不正确的是（ ）。

A.高压喷射注浆桩项目的水泥品种、设计用量与定额不同时,应按实调整

B.高压喷射注浆桩产生的废水泥浆清理费用发生时另行计算

C.预制桩尖模板包括在桩尖制作项目内,不再另行计算

D.换填垫层按本定额"D 砌筑工程"分部相应项目计算

4.根据当地预算定额规定,以下对地基处理与边坡支护工程分部描述不正确的是（ ）。

A.地下连续墙的导墙土石方开挖按本定额土石方工程分部相应定额计算

B.地下连续墙的钢筋网制作按本定额混凝土及钢筋混凝土工程分部定额计算

C.锚杆钻孔、张拉等项目的施工平台搭设、拆除等费用不再单独计算

D.土钉采用钻孔置入法施工时,按锚杆相应定额计算

二、多选题（多选、错选不得分）

1.根据当地预算定额规定,以下对地基处理与边坡支护工程分部的计算规则描述正确的是（ ）。

A.振冲密实（不填料）桩按设计图示尺寸,按入土深度以"m"计算

B.振冲桩（填料）按设计桩截面乘以桩长以体积计算

C.砂石桩按设计截面乘以设计桩长（不包括桩尖）另加超灌高度以体积计算

D.水泥粉煤灰碎石桩钻孔按打桩前的自然地坪标高至桩底标高以长度计算

E.高压喷射注浆桩按设计桩长另加超灌高度计算

2.根据当地预算定额规定,以下对地基处理与边坡支护工程分部的计算规则描述正确的是（ ）。

A.地下连续墙的混凝土导墙按设计图示尺寸以体积计算

B.地下连续墙挖土成槽按设计图示墙中心线长度乘以厚度乘以槽深以体积计算

C.地下连续墙混凝土浇筑按设计图示墙中心线长度乘以墙高以面积计算

D.地下连续墙锁口管吊拔按设计图示连续墙段数计算

E.地下连续墙清底置换按设计图示连续墙段数计算

三、判断题(正确的打"√",错误的打"×")

1.根据当地预算定额规定,锚杆(锚索)钻孔、灌浆、土钉和高压喷射扩大锚杆(锚索)项目的浆液品种和设计用量与定额不同时,按实调整。 (　　)

2.根据当地预算定额规定,锚杆(锚索)钻孔、灌浆、土钉和高压喷射扩大锚杆(锚索)按设计图示尺寸以钻孔深度计算。 (　　)

3.根据当地预算定额规定,喷射混凝土、喷射水泥浆按图示尺寸以面积计算。 (　　)

4.根据当地预算定额规定,钢支撑按设计图示尺寸以质量计算。 (　　)

5.根据当地预算定额规定,在地基处理与边坡支护工程分部,以"m"为计量单位的项目,没有相对应的桩径或孔径时,采用内插法计算。 (　　)

四、填空题

1.根据当地预算定额规定,超灌高度按设计的预留长度计算,设计或规范无要求时,砂石桩、高压喷射注浆桩按_____ m 计算,水泥粉煤灰碎石桩按_____ m 计算。

2.根据当地预算定额规定,振冲碎石桩(填料)的单位工程的工程量在 100 m³ 以内时,其人工、机械按相应定额乘以系数_____ 计算。

3.单独进行现场试验的地基处理与边坡支护工程项目,其人工、机械按相应定额乘以系数_____ 计算。

4.根据当地预算定额规定,设计图纸未标明外锚段长度时,预应力锚杆外锚段按_____ m 计算,非预应力锚杆钢筋外锚段按_____ m 计算,预应力锚索外锚段按_____ m 计算。

五、思考题

1.地基处理的主要方法有哪些?本地区地基处理的常见方式是哪些?

2.基坑与边坡支护的主要方法有哪些?本地区基坑与边坡支护的常见方式是哪些?

C 桩基工程

一、单选题(选择最符合题意的答案)

1.根据当地预算定额规定,以下描述不正确的是(　　)。

A.混凝土桩的截桩按相应项目另行计算

B.截桩项目已包括将截下的桩头运至现场不影响下步施工的堆放点的费用

C.桩头如需运出施工现场者,按"A 土(石)方工程"相应项目计算

D.截桩按截桩的长度计算

2.根据当地预算定额规定,以下描述不正确的是(　　)。

A.打预制钢筋混凝土方桩按设计图示尺寸以桩长(包括桩尖)计算

B.接桩按设计图示以接头数量计算

C.混凝土灌注桩按体积计算

D.钢护筒按护筒个数计算

3.根据当地预算定额规定,以下描述不正确的是(　　)。

A.回旋钻机钻孔桩按桩设计截面面积乘以钻孔深度以体积计算

B.冲击钻机灌注桩按设计截面面积乘以设计桩长另加超灌高度以体积计算

C.送桩按设计桩顶至自然地坪另加 0.3 m 以"m"计算

D.钻孔压浆桩按设计图示尺寸以桩长计算

4.根据当地预算定额规定,以下描述不正确的是(　　)。

A.人工挖孔桩护壁按图示尺寸以长度计算

B.人工挖孔桩桩芯分别按设计图示尺寸以"m³"计算

C.人工挖孔桩采用水下灌注,应另加超灌高度

D.泥浆运输按桩设计截面面积乘以孔深以体积计算

二、多选题(多选、错选不得分)

1.根据当地预算定额规定,以下描述正确的是(　　)。

A.预制混凝土方桩按成品桩考虑,不再计算制作及运输费用

B.如打斜桩,其斜度小于 1∶6 时,则人工、机械乘以系数 1.43

C.如打斜桩,当斜度超过 1∶6 时,打桩所采用的措施费用按实计算

D.桩基工程分部不包括清除地下障碍物,若发生时按实计算

E.桩基工程项目中包括桩检测费用

2.根据当地预算定额规定,以下描述正确的是(　　)。

A.单位工程的预制钢筋混凝土方桩工程量在 800 m 以内时,其人工、机械按相应定额乘以系数 1.25 计算

B.单独进行的试桩工程项目,其人工、机械按相应定额乘以系数 1.25 计算

C.以"m"为计量单位的项目,没有对应的桩径或孔径时,采用内插法计算

D.截桩项目已经包括桩头的外运费用

E.旋挖钻机钻孔如有扩底,扩底部分按相应定额乘以系数 2.2 计算

三、判断题(正确的打"√",错误的打"×")

1.根据当地预算定额规定,灌注桩的充盈量和损耗已包含在项目内,不另计算。　　(　　)

2.根据当地预算定额规定,人工挖孔桩土方按设计图示尺寸(不含护壁)截面积乘以挖孔

深度以"m³"计算。　　　　　　　　　　　　　　　　　　　　　　　　　　（　　）

3.所有截(凿)桩头的工程量都是按"m³"计算。　　　　　　　　　　　（　　）

四、填空题

1.根据当地预算定额规定,单独进行现场试验而进行的桩基工程项目,其人工、机械按相应定额乘以系数_____计算。

2.根据当地预算定额规定,预制钢筋混凝土管桩单位工程的工程量在1 000 m以内时,其人工、机械按相应定额乘以系数_____计算。

3.人工挖孔桩挖淤泥时,按人工挖孔桩土方相应定额乘以系数_____计算。

4.根据当地预算定额规定,送桩按设计桩顶至打桩前天然地坪另加_____m以长度计算。

5.根据当地预算定额规定,超灌高度按设计的预留长度计算,设计或规范无要求时,干作业的旋挖钻孔灌注桩和采用水下灌注的人工挖孔桩按_____m计算,泥浆护壁桩按_____m计算。

五、思考题

1.桩基的种类有哪些?

2.桩基工程中列项要注意什么?

3.桩基工程中工程量计算要注意什么?

D 砌筑工程

一、单选题(选择最符合题意的答案)

1.根据当地预算定额规定,烧结实心砖的规格是( )。

A.240 mm×115 mm×53 mm
B.240 mm×115 mm×90 mm
C.190 mm×190 mm×90 mm
D.240 mm×180 mm×115 mm

2.根据当地预算定额规定,框架结构砌砖墙按相应项目人工乘以系数( )。

A.1.10
B.1.15
C.1.20
D.1.25

3.根据当地预算定额规定,墙体砌筑高度超过3.6m,其超过部分工程量的定额人工费乘以系数( )。

A.1.10
B.1.15
C.1.20
D.1.30

4.根据当地预算定额规定,下列关于砖基础与墙、柱的划分描述不正确的是( )。

A.应以防潮层为界,以上为墙身,以下为基础

B.相同材料应以设计室内地坪为界,以上为墙身,以下为基础

C.不同材料位于设计室内地坪≤±300 mm时以不同材料为界

D.砖围墙应以设计室外地坪为界

5.根据当地预算定额规定,下列不属于砌筑工程中零星项目的是( )。

A.砖垛
B.花台
C.炉灶
D.小便槽

6.根据当地预算定额规定,以下描述不正确的是( )。

A.各种砖砌内墙、外墙,砖砌框架间隔墙,不分墙体厚度,均按一般砖墙项目计算

B.砖砌体(不包括砖围墙和砌块墙)均包括勾缝,设计规定勾缝时,不再单独计算

C.剪力墙间(含短肢剪力墙间)、框架结构间和预制柱间砌砖墙、砌块墙按相应项目人工乘以系数1.25

D.填充墙以填炉渣轻质混凝土为准,如设计用材料与本分部项目不同时允许换算

7.根据当地预算定额规定,以下对砌砖工程量计算规则描述不正确的是( )。

A.砖石基础以设计图示尺寸按体积计算

B.砖石基础附墙垛基础宽出部分体积不增加,但应扣除地梁(圈梁)、构造柱所占体积

C.砖石基础外墙墙基长按外墙中心线长度计算

D.砖石基础内墙墙基长按内墙净长计算

8.根据当地预算定额规定,以下对砌筑工程工程量计算规则描述不正确的是( )。

A.嵌入砖石基础的钢筋、铁件、管子不扣除

B.嵌入砖石基础的基础防潮层不扣除

C.嵌入砖石基础的单个孔洞面积≤0.3 m² 不扣除

D.砖石基础大放脚的T形接头重叠部分应扣除

9.根据当地预算定额规定,以下对砌筑工程工程量计算规则描述不正确的是( )。

A.外墙墙身高度由钢筋混凝土楼隔层算至楼板顶面

B.内墙墙身高度由钢筋混凝土楼隔层算至楼板顶面,有框架梁(圈梁)时算至梁(圈梁)底

C.框架间墙以净空面积乘墙厚按"m³"计算

D.填充墙按设计图示尺寸外形体积计算,扣除门窗洞口面积和梁(包括过梁、圈梁、挑梁)所占的体积,其实砌部分未包括在项目内,应按零星砌筑计算

10.根据当地预算定额规定,以下对砌筑工程工程量计算规则描述不正确的是( )。

A.零星砌砖按设计图示尺寸以体积计算,不扣除混凝土及钢筋混凝土梁垫、梁头、板头所占体积

B.砖地沟按设计图示尺寸以体积计算,砖明沟、暗沟按设计图示尺寸以中心线延长米计算

C.围墙高度算至压顶上表面(如有混凝土压顶时算至压顶下表面),围墙柱并入围墙体积

D.女儿墙从屋面板上表面算至女儿墙墙顶面(如有混凝土压顶时算至压顶下表面)

二、多选题(多选、错选不得分)

1.根据当地预算定额规定,零星砌砖适用于( )。

A.台阶　　　　　　B.台阶挡墙　　　　　　C.烧结多孔砖墙中的标砖

D.花台　　　　　　E.花池

2.根据当地预算定额规定,实砌砖墙应扣除( )所占的体积。

A.门窗洞口　　　　B.梁头、板头　　　　　C.嵌入墙身的消火栓箱

D.门窗走头　　　　E.梁垫

3.根据当地预算定额规定,以下对砖墙的计算厚度描述正确的是( )。

A.1/4 砖墙计算厚度为 53 mm　　　　　　B.1/2 砖墙计算厚度为 120 mm

C.3/4 砖墙计算厚度为 180 mm　　　　　　D.1 砖墙计算厚度为 240 mm

E.3/2 砖墙计算厚度为 370 mm

4.根据当地预算定额规定,以下描述正确的是( )。

A.框架外表面需做 1/2 砖以上的镶贴砖时,按零星砌砖项目计算

B.中间做十字形砖柱,然后在四角浇钢筋混凝土柱以及砖砌空心柱,均应分别按砖柱和钢筋混凝土柱计算

C.砖砌空心柱适用于空心内浇钢筋混凝土柱的做法,不论空心为圆形或方形均以柱的外形套用相应项目

D.砖砌挡土墙 2 砖以上执行砖基础项目

E.砖砌挡土墙 2 砖以内执行砖墙定额

5.根据当地预算定额规定,以下对砌筑工程工程量计算规则描述不正确的是( )。

A.实砌砖墙按设计图示尺寸以体积计算

B.应扣除过人洞、空圈、门窗洞口面积和单个面积等于 0.3 m^2 孔洞所占的体积

C.不扣除梁垫、门窗走头、砖墙内的加固钢筋、铁件所占的体积

D.凸出墙面的砖垛、窗台虎头砖、压顶线、山墙泛水、烟囱根、门窗套也不增加

E.三匹砖以内的腰线和挑檐等体积并入墙体体积计算

三、判断题(正确的打"√",错误的打"×")

1.根据当地预算定额规定,填充墙按照图纸尺寸计算体积,扣除门窗洞口和梁所占体积,其实砌部分另行计算。　　　　　　　　　　　　　　　　　　　　　　　( )

2.根据当地预算定额规定,砖地沟按图示尺寸以"m"计算。　　　　　　( )

3.根据当地预算定额规定,毛石基础与墙身的划分:内墙以设计室内地坪为界,外墙以设计室外地坪为界。　　　　　　　　　　　　　　　　　　　　　　( )

4.根据当地预算定额规定,砌体内钢筋加固按"E混凝土及钢筋混凝土工程"相关项目计算。 （　　）

5.根据当地预算定额规定,砌石项目中未包括勾缝,如勾缝者,按装饰相应分部项目计算。 （　　）

6.根据当地预算定额规定,砖墙外墙长度按外墙中心线长度计算,内墙长度按内墙净长计算。 （　　）

7.根据当地预算定额规定,砖砌地下室内外墙身按砌体工程分部砖墙项目计算。 （　　）

四、填空题

1.根据当地预算定额规定,砖（石）墙身、基础如为弧形时,按相应项目人工费乘以系数_____,砖用量乘以系数_____。

2.根据当地预算定额规定,石板铺地沟底板执行石盖板项目,人工乘以系数_____。

3.根据当地预算定额规定,定额中的墙体砌筑高度按_____m编制,超过时,超过部分工程量的定额人工乘以系数_____。

4.根据当地预算定额规定,散水、防滑坡道的垫层按垫层项目计算,人工乘以系数_____。

五、思考题

1.本地区常用的砌块材料有哪些？主要适用范围是什么？

2.砌筑工程"垫层"包括哪些类型？

3.墙体的砌筑形式有哪些？计算工程量时要考虑什么？

六、计算题

1.某单层建筑物平面图和外墙身详图如图 1 所示,墙身 M5 混合砂浆砌筑标准页岩砖,内外墙厚 240 mm,GZ 从基础圈梁到女儿墙顶,门窗洞口均采用预制混凝土过梁,两端各深入支座250 mm,高240 mm,层高 3.6 m,M-1 尺寸为 1 000 mm×2 400 mm,M-2 尺寸为 1 500 mm×2 400 mm,C-1 尺寸为 1 500 mm×1 800 mm,C-2 尺寸为 1 500 mm×1 500 mm。根据当地预算定额规定,请计算其实心砖墙工程量。(结果保留两位小数)

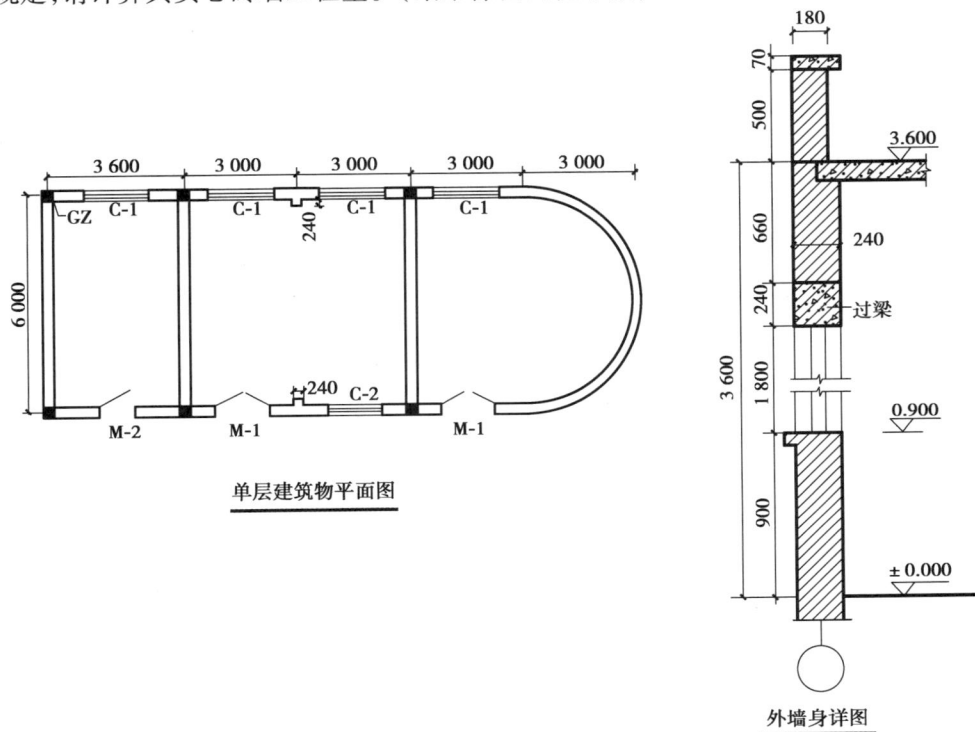

单层建筑物平面图

外墙身详图

图 1　某单层建筑物图

2.某工程基础图如图 2 所示,已知砖墙和砖基础采用同种材料标准砖砌筑,室内地坪标高为±0.000。根据当地预算定额规定,请计算该砖基础的工程量。(结果保留两位小数)

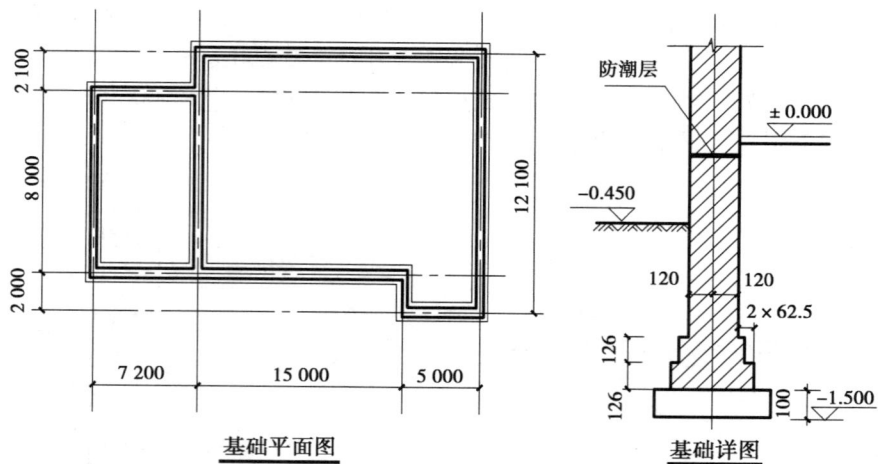

基础平面图   基础详图

图 2 某工程基础图

3.某工程基础图如图 3 所示,已知砖墙和砖基础采用同种材料标准砖砌筑,室内地坪标高为±0.000。根据当地预算定额规定,请计算该砖基础的工程量。(结果保留两位小数)。

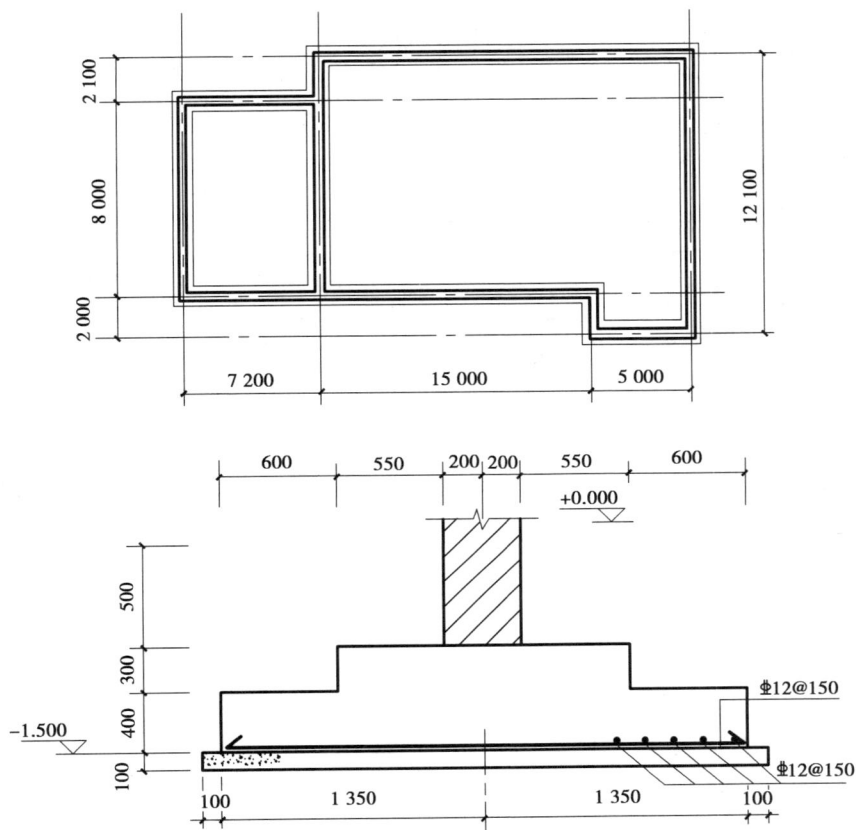

图 3　某工程基础图

4.某工程台阶示意图如图 4 所示,根据当地预算定额规定,请计算该砖砌台阶的工程量。(结果保留两位小数)

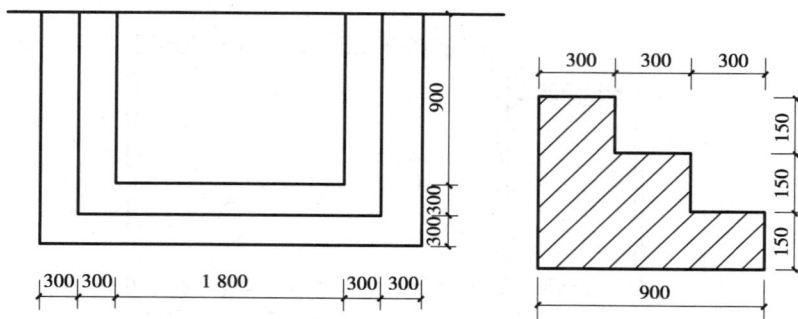

图 4 某工程台阶示意图

5.某工程平面及剖面图如图5所示,本工程采用页岩空心砖,女儿墙采用页岩实心砖,厚度均为240 mm;C-1 为 1 500 mm×1 800 mm,顶高度同圈梁底;M-1 为 1 000 mm×2 000 mm,M-2为900 mm×2 000 mm;层高位置设置 240 mm×240 mm 圈梁,整个墙体一圈;过梁宽同墙体,挑出洞口 250 mm,高度 200 mm。根据当地预算定额规定,请计算该砖墙的工程量和女儿墙工程量。(结果保留两位小数)

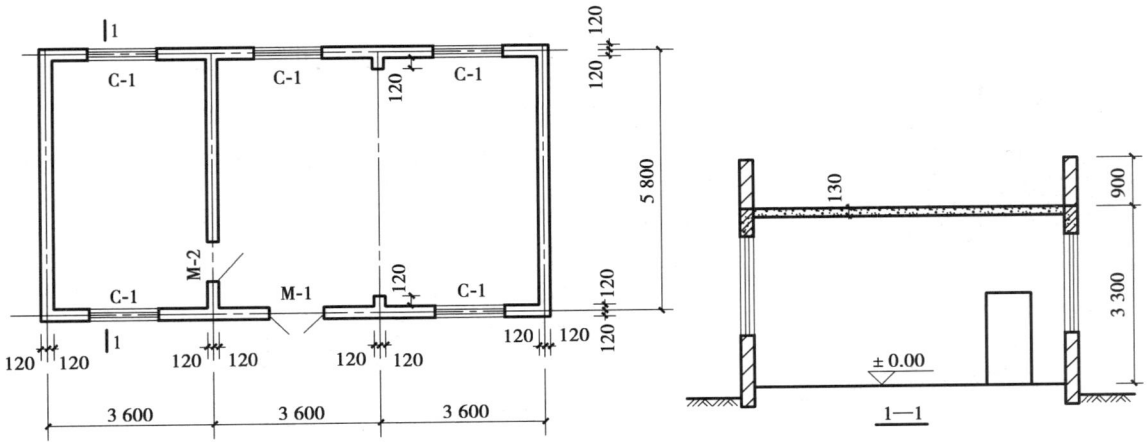

图 5　某工程平面及剖面图

6.某工程基础示意图如图 6 所示,已知该工程基础与墙身分界为±0.000,垫层底标高为 2.1 m。根据当地预算定额规定,请计算该工程砖基础的工程量。(结果保留两位小数)

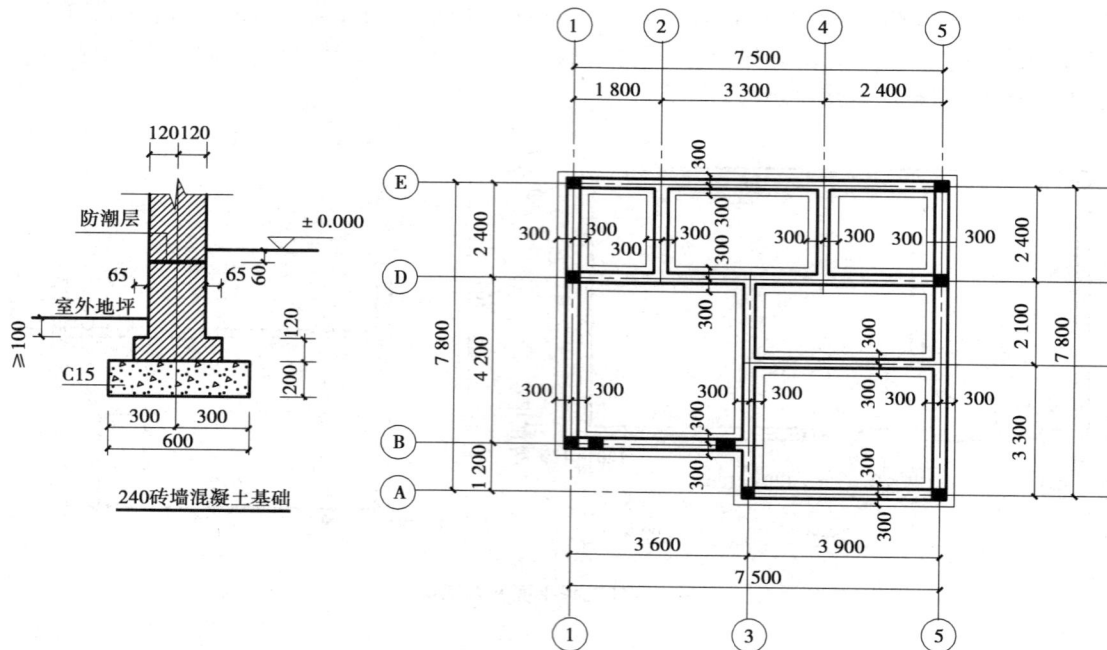

图 6 某工程基础示意图

E 混凝土及钢筋混凝土工程

一、单选题(选择最符合题意的答案)

1.根据当地预算定额规定,以下描述不正确的是( )。

　　A.现浇、预应力混凝土项目中未包括钢筋和预埋铁件的用量,另套用相应项目

　　B.所有预制构件均按成品安装编制

　　C.定额项目中混凝土用量无"低"字者为塑性混凝土

　　D.混凝土设计强度等级和砂石品种等与定额项目不同时按附录配合比换算

2.根据当地预算定额规定,现浇整体弧形楼梯的折算厚度为( )mm。

　　A.150　　　　　　　B.160　　　　　　　C.180　　　　　　　D.200

3.根据当地预算定额规定,混凝土高杯柱基(长颈基础)高杯(长颈)部分的高度小于其横截面长边的( )倍时,该部分高杯(长颈)部分按柱基计算。

　　A.2　　　　　　　　B.3　　　　　　　　C.4　　　　　　　　D.5

4.根据当地预算定额规定,混凝土垫层用于槽坑且厚度在( )mm 以内者为基础垫层,否则算作基础。

　　A.300　　　　　　　B.350　　　　　　　C.400　　　　　　　D.450

5.根据当地预算定额规定,现浇砌体拉结带应该执行( )定额。

　　A.现浇梁　　　　　B.现浇圈梁　　　　C.现浇小型构件　　D.混凝土板

6.根据当地预算定额规定,以下描述不正确的是( )。

　　A.商品混凝土构造柱也适用于独立门框

　　B.小型构件是指单体体积小于 0.1 m³ 以内且未列项目的小型构件

　　C.散水、防滑坡道混凝土垫层,按垫层项目计算,人工费乘以系数 1.2

　　D.楼地面商品混凝土垫层,按商品混凝土垫层项目执行,人工费乘以系数 1.1

7.根据当地预算定额规定,以下描述不正确的是( )。

　　A.混凝土的工程量按设计图示尺寸以"m³"计算

　　B.不扣除钢筋、螺栓、铁件、张拉孔道和面积≤0.3 m² 的螺栓盒等所占体积

　　C.扣除型钢所占体积

　　D.钢管混凝土柱以钢管高度按照钢管内径计算混凝土体积

8.根据当地预算定额规定,以下描述正确的是( )。

　　A.L、Y、T、十字、Z 形等短墙单肢中心线长度均≤0.8 m,按异形柱定额项目执行

　　B.L、Y、T、十字、Z 形等短墙单肢中心线长度均≤0.4 m,按直形墙项目执行

　　C.L、Y、T、十字、Z 形等短墙单肢中心线长度均≤0.4 m,按异形柱定额项目执行

　　D.一字形短墙中心线长度≤0.4 m,按墙的项目执行

9.根据当地预算定额规定,以下对混凝土构件描述不正确的是( )。

　　A.现浇混凝土及商品混凝土弧形楼梯适用于艺术型楼梯

　　B.现浇混凝土叠合梁按现浇混凝土过梁项目执行

　　C.构造柱马牙槎体积应计算,执行构造柱项目

　　D.阳台栏板内的构造柱、女儿墙构造柱执行构造柱项目

10.根据当地预算定额规定,以下描述不正确的是( )。

　　A.钢筋按设计图示尺寸长度乘以单位理论质量计算

B.钢筋项目已综合考虑钢筋、铁件的制作安装损耗及钢筋的施工搭接长度

C.设计（包括规范规定）标明的搭接要计算

D.伸出构件的锚固钢筋不计算

二、多选题（多选、错选不得分）

1.根据当地预算定额规定，以下描述正确的是（　　　）。

A.现浇混凝土构件按混凝土捣制和模板项目分别编制

B.现浇混凝土构件均按商品混凝土编制

C.定额项目中混凝土用量栏无"低"字者为干硬性混凝土

D.设计混凝土强度等级和砂石品种等与定额项目中不同时按附录配合比换算

E.预制构件灌浆工料已综合在项目中，不另计算

2.根据当地预算定额规定，以下描述正确的是（　　　）。

A.现浇型钢组合混凝土构件，执行普通混凝土构件相应构件项目，人工、材料乘以系数1.2

B.现浇混凝土梯形（锯齿形）楼板每一梯步宽度大于300 mm时，按板的项目执行，人工乘以系数1.45

C.砌体钢筋加固执行现浇构件钢筋项目，钢筋用量乘以系数0.97

D.弧形钢筋制安按相应项目执行，人工费乘以系数1.2

E.现浇构件中采用机械连接部分的钢筋，定额钢筋用量调整为1.03，机械费乘以系数1.4

3.根据当地预算定额规定，以下描述正确的是（　　　）。

A.混凝土高杯柱基（长颈基础）高杯（长颈）部分的高度小于其横截面长边的3倍，则该部分高杯（长颈）按柱基计算

B.混凝土高杯柱基（长颈基础）高杯（长颈）部分的高度大于其横截面长边的5倍，则该部分高杯（长颈）按柱计算

C.混凝土墙基的颈部高度小于该部分厚度的3倍时，则颈部按基础计算

D.混凝土墙基的颈部高度大于该部分厚度的5倍时，则颈部按墙计算

E.计算承台工程量时，不扣除浇入承台的桩头体积

4.根据当地预算定额规定，以下对现浇混凝土板计算规则描述正确的是（　　　）。

A.混凝土板的工程量按设计图示尺寸以"m^3"计算

B.混凝土板应扣除混凝土柱所占体积

C.混凝土板不扣除铁件和面积≤0.05 m^2的螺栓盒等所占体积

D.混凝土板不扣除孔洞面积≤0.3 m^2所占体积

E.混凝土板应扣除构件内钢筋所占体积

5.根据当地预算定额规定，以下对现浇楼梯描述正确的是（　　　）。

A.整体楼梯包含楼层板连接梁、斜梁

B.整体楼梯包含休息平台板、平台梁

C.超过500 mm宽度的楼梯井应扣除

D.现浇楼层板无楼梯梁连接时，以楼梯的最后一个踏步为界

E.整体楼梯分层按水平投影以面积计算工程量

6.根据当地预算定额规定,以下描述正确的是( )。

A.预制混凝土构件除零星、小型构件按现场预制编制外,其余构件均按成品安装编制

B.预制构件项目中成品预制构件单价包含混凝土制作、钢筋制作安装、模板安拆及构件运输等费用

C.预制构件安装包括铺垫道木,钢板、钢轨等铺设及维修工料

D.现场预制小型构件模板工程量均按模板与混凝土接触面积计算,地模面积也要计算

E.预制板模板上单孔面积≤0.3 m² 的孔洞不予扣除,洞侧壁模板也不增加

7.根据当地预算定额规定,以下对钢筋、铁件工程量计算规则描述正确的是( )。

A.钢筋(钢丝束、钢绞线)按设计图示长度乘以单位理论质量计算

B.钢筋项目中已综合考虑钢筋、铁件的制作损耗及钢筋的施工搭接用量

C.螺栓、铁件按设计图示尺寸以质量计算

D.植钢筋按设计图示长度乘以单位理论质量计算

E.植螺杆按螺杆直径及设计施工图要求的锚固长度以"m"计算

8.根据当地预算定额规定,以下对钢筋工程描述正确的是( )。

A.本分部定额中未包括钢筋除锈工料,需另行计算

B.现浇构件中固定钢筋位置的支撑钢筋、双层钢筋用的"铁马"均并入钢筋工程量

C.短钢筋接长所需的工料、机械,项目内已综合考虑,不另计算

D.预制板缝内设计要求加筋,执行现浇钢筋相应项目

E.植钢筋、螺杆定额包括钢筋、螺杆的费用

9.根据当地预算定额规定,以下对现浇混凝土柱计算规则描述正确的是( )。

A.有梁板的柱高,应自柱基上表面(或楼板上表面)至上一层楼板下表面之间的高度计算

B.无梁板的柱高,应自柱基上表面(或楼板上表面)至柱帽上表面之间的高度计算

C.框架柱的柱高,应自柱基上表面至柱顶高度计算

D.构造柱(抗震柱)按全高计算,嵌接墙体部分马牙槎并入柱身体积

E.依附柱上的牛腿并入柱身体积计算

10.根据当地预算定额规定,以下对现浇混凝土梁计算规则描述正确的是( )。

A.梁与柱连接时,梁长算到柱侧面,伸入墙内的梁头应计算在梁的长度内

B.与主梁连接的次梁,其长度算到主梁的侧面

C.现浇梁头处有现浇垫块者,垫块体积并入梁内计算

D.圈梁外墙按中心线、内墙按净长线计算;圈梁带挑梁时,以墙的结构外皮为分界线,伸出墙外部分按梁计算

E.梁、圈梁带宽度≤120 mm 线脚者,按梁计算;梁、圈梁带宽度>120 mm 线脚或带遮阳板者,按有梁板计算

11.根据当地预算定额规定,以下对商品混凝土板描述正确的是( )。

A.有梁板按梁、板体积之和计算,各类板伸入墙内的板头并入有梁板体积内计算

B.无梁板不包括柱帽体积

C.挑檐与板连接时,以外墙外边线为分界线

D.天沟(檐沟)包括伸出墙外的牛腿和雨篷反挑檐的体积

E.雨篷、阳台板按设计图示尺寸以墙外部分体积计算

三、判断题(正确的打"√",错误的打"×")

1.根据当地预算定额规定,现浇混凝土构件是按现场搅拌非泵送编制的,商品混凝土以成品基价(不含泵送费)的形式表现。　　　　　　　　　　　　　　( )

2.根据当地预算定额规定,现浇混凝土项目未包含钢筋和预埋铁件,需另行计算。( )

3.根据当地预算定额规定,商品混凝土柱适用于矩形柱和异形柱。　　　　( )

4.根据当地预算定额规定,现浇混凝土阶梯形(锯齿形)楼板每一梯步宽度大于300 mm时,按板的项目执行,人工乘以系数1.45。　　　　　　　　　　　　　　　( )

5.根据当地预算定额规定,楼地面商品混凝土垫层,按商品混凝土垫层项目执行,人工乘以系数0.9。　　　　　　　　　　　　　　　　　　　　　　　　　　( )

6.根据当地预算定额规定,定额中未包括钢筋除锈工料,除锈需要单独计算。　( )

7.根据当地预算定额规定,固定钢筋位置的支撑钢筋、双层钢筋用的铁马、衬铁已经包含在定额中,不需要单独计算。　　　　　　　　　　　　　　　　　　　　( )

8.根据当地预算定额规定,混凝土柱上的钢牛腿制作安装,执行预埋件制作安装定额。
　　　　　　　　　　　　　　　　　　　　　　　　　　　　　　　　( )

9.根据当地预算定额规定,混凝土挡护墙厚度≤200 mm按混凝土墙计算。　( )

10.根据当地预算定额规定,梁、圈梁带宽度≤300 mm线脚者按梁计算。　( )

11.根据当地预算定额规定,飘窗下方结构≤300 mm按梁计算,超过300 mm按墙计算。
　　　　　　　　　　　　　　　　　　　　　　　　　　　　　　　　( )

四、填空题

1.根据当地预算定额规定,楼地面商品混凝土垫层按垫层项目计算,人工乘以系数_____。

2.根据当地预算定额规定,坡屋面板坡度大于_____时,执行仿古建筑工程。

3.根据当地预算定额规定,C15 混凝土(商品混凝土)基础垫层每 10 m³ 的综合单价为_____元。

4.根据当地预算定额规定,散水、防滑坡道的垫层,按垫层项目计算,人工乘以系数_____。

5.根据当地预算定额规定,现浇构件中采用机械连接部分的钢筋,钢筋用量调整为_____,机械费乘以_____。

6.已知 C25 商品混凝土市场单价为 360 元/m³,根据当地预算定额规定,计算 C25 混凝土柱(商品混凝土)的综合单价为_____元/10 m³。

五、思考题

1.混凝土的类型有哪些?

2.现浇混凝土项目中"水"包含了哪些用水?

六、计算题

1.某工程构造柱图如图1所示,尺寸为200 mm×200 mm,高度为3.0m,墙厚200 mm。根据当地预算定额规定,请计算构造柱工程量。(结果保留两位小数)

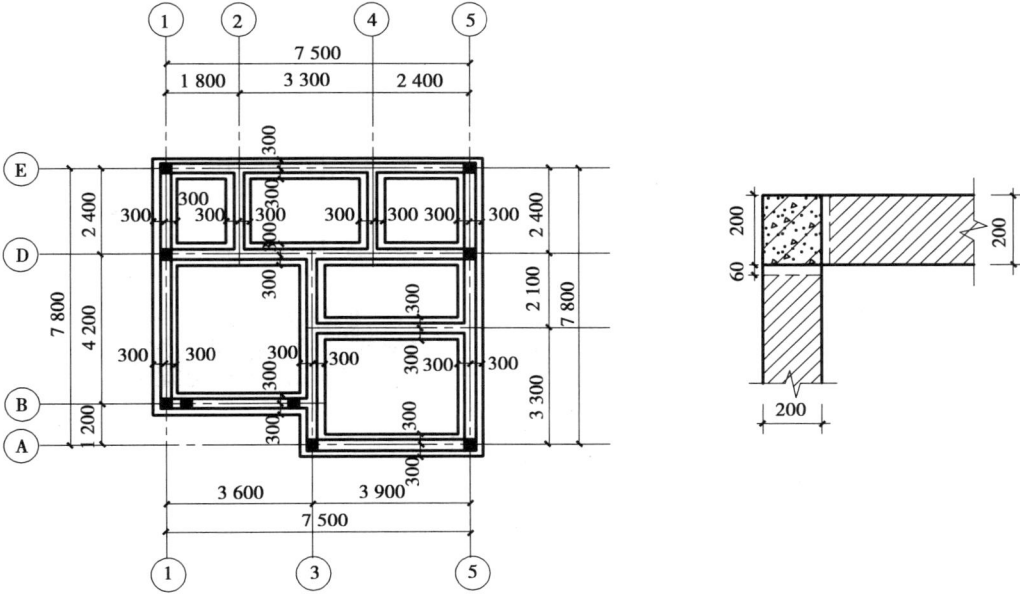

图1 某工程构造柱图

2.已知某工程无梁板,圈梁和板连成一整体,四周为 QL1,尺寸为 240 mm×240 mm,四周墙体厚度为 240 mm,板厚为 120 mm,柱及柱帽尺寸如图 2 所示。根据当地预算定额规定,请计算该无梁板的工程量。(结果保留两位小数)

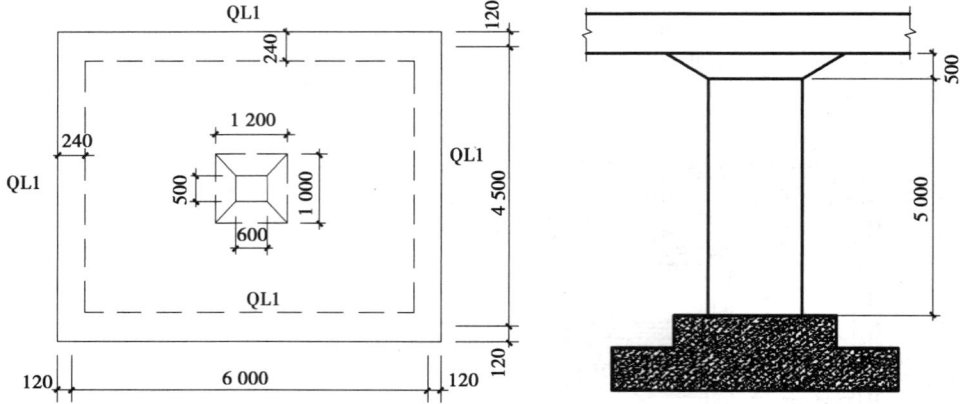

图 2　某工程无梁板图

3.某工程基础图如图3所示,根据当地预算定额规定,请计算混凝土基础垫层的工程量。(结果保留两位小数)

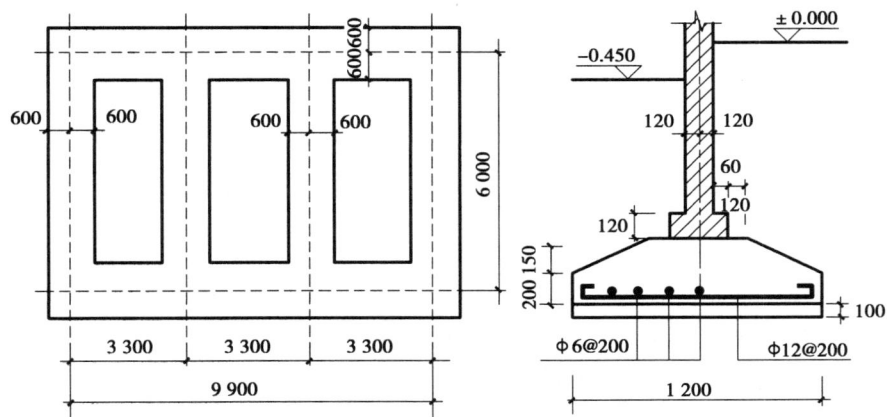

图3 某工程基础图

4.某工程基础图如图 3 所示,根据当地预算定额规定,请计算混凝土带形基础的工程量。(结果保留两位小数)

5.某工程基础图如图 3 所示,施工中混凝土采用现场拌制,砂子选用中砂,根据当地预算定额规定,请确定 C20 混凝土带形基础的定额合价。(结果保留两位小数)

6.某工程框架梁图如图 4 所示,根据当地预算定额规定,请计算混凝土框架梁 KL1 的工程量。(结果保留两位小数)

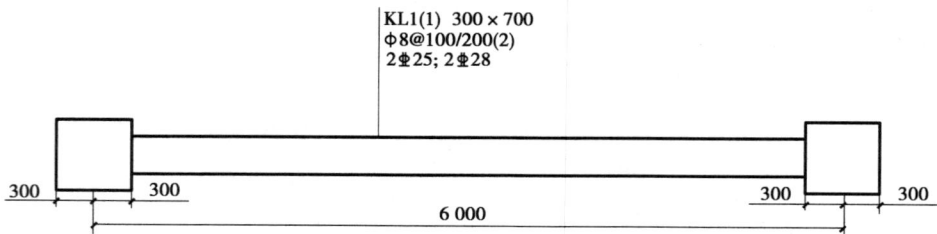

KL1(1) 300×700
φ8@100/200(2)
2Φ25; 2Φ28

300 300 6 000 300 300

图 4 某工程框架梁图

7.某工程构造柱图如图 1 所示,尺寸为 200 mm×200 mm,高度为 3.5 m,墙厚 200 mm,根据当地预算定额规定,请计算构造柱工程量。若该构造柱使用现浇 C20 混凝土(商品混凝土,C20 商品混凝土信息价为 370 元/m³),则构造柱的定额合价为多少元?（结果保留两位小数）

8.某工程基础图如图 5 所示,已知有 8 个独立基础,根据当地预算定额规定,请计算 C10 混凝土基础垫层的工程量。（结果保留两位小数）

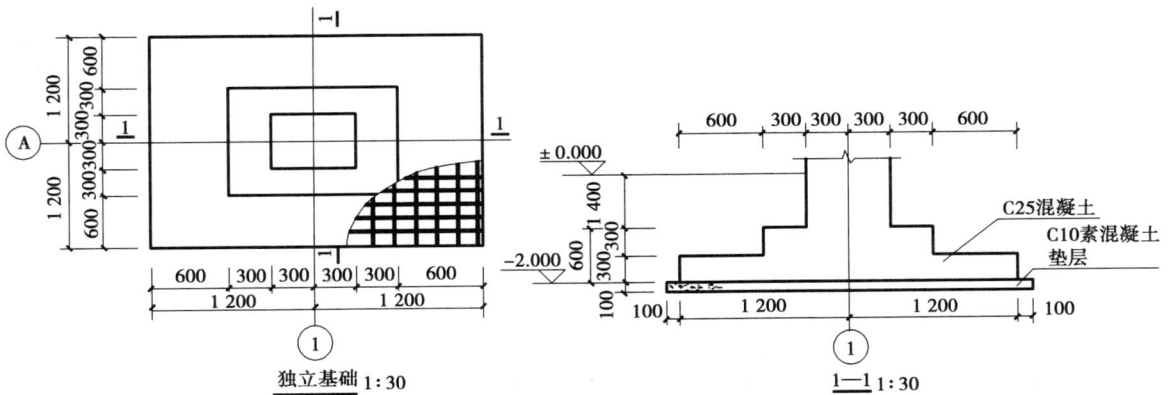

独立基础 1:30

1—1 1:30

图 5　某工程基础图

9.某工程基础图如图 5 所示,已知有 8 个独立基础,根据当地预算定额规定,请计算 C30 混凝土独立基础的工程量。(结果保留两位小数)

10.某工程基础图如图 5 所示,已知有 8 个独立基础,施工采用特细砂,现场拌制混凝土。根据当地预算定额规定,C15 混凝土独立基础的定额编号为多少? 分项工程定额合价为多少元?(结果保留两位小数)

11.某工程基础图如图 5 所示,已知有 8 个独立基础,采用商品混凝土,根据当地预算定额规定,C30 混凝土基础的定额编号为多少? 定额合价为多少元?(结果保留两位小数)

12.某框架结构图如图 6 所示,板厚均为 120 mm,柱均为 KZ1 600 mm×600 mm,柱高均为 3 m。根据当地预算定额规定,请计算混凝土矩形柱的工程量。(结果保留两位小数)

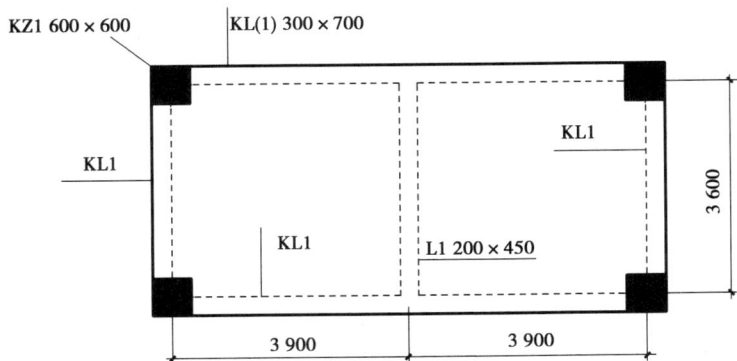

图 6　某框架结构图

13.某工程无梁板图如图 7 所示,室内标高为±0.000,板顶标高为+3.500 m,柱基顶标高为 −0.800 m。根据当地预算定额规定,请计算该无梁板的工程量。(结果保留两位小数)

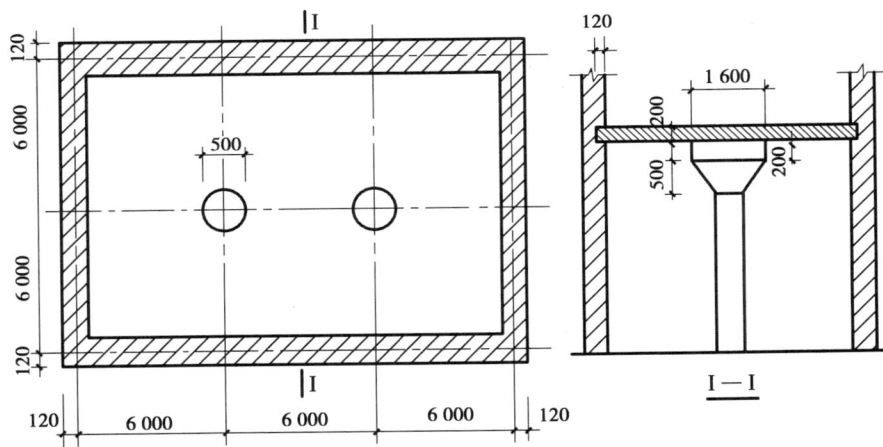

图 7　某工程无梁板图

14.某工程无梁板图如图7所示,室内标高为±0.000,板顶标高为+3.500 m,柱基顶标高为－0.800 m。根据当地预算定额规定,请计算混凝土柱的工程量。(结果保留两位小数)

15.某工程平面及剖面图如图8所示,本工程采用页岩空心砖,女儿墙采用页岩实心砖,厚度均为240 mm;C-1 为 1 500 mm×1 800 mm,顶高度同圈梁底;M-1 为 1 000 mm×2 000 mm,M-2 为 900 mm×2 00 mm;层高位置设置 240 mm×240 mm 圈梁,整个墙体一圈;过梁宽同墙体,挑出洞口 250 mm,高度 180 mm。根据当地预算定额规定,请计算过梁和圈梁的工程量。(墙垛不设过梁、圈梁,结果保留两位小数)

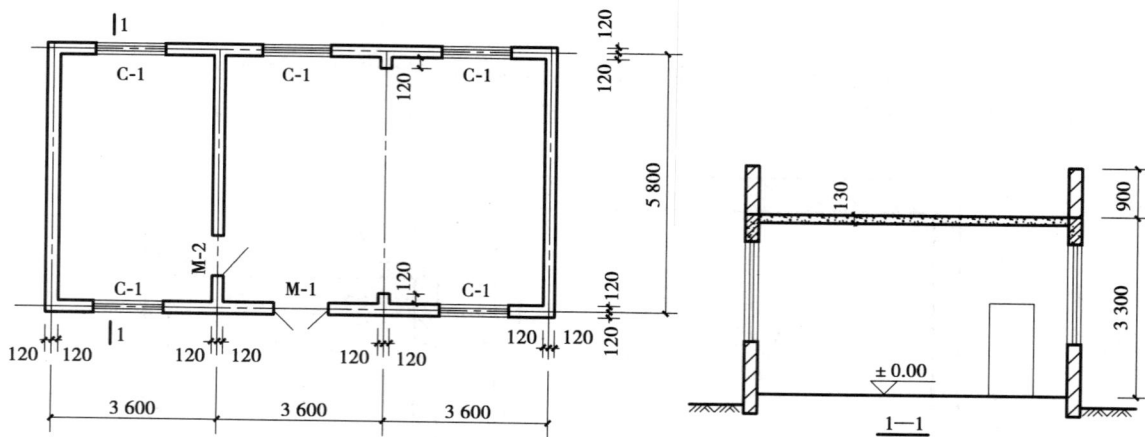

图 8　某工程平面及剖面图

16.某工程屋面结构图如图 9 所示,已知本构筑物层高为 3 m,柱高度同层高,板厚均为 100 mm。根据当地预算定额规定,请计算有梁板的工程量。(结果保留两位小数)

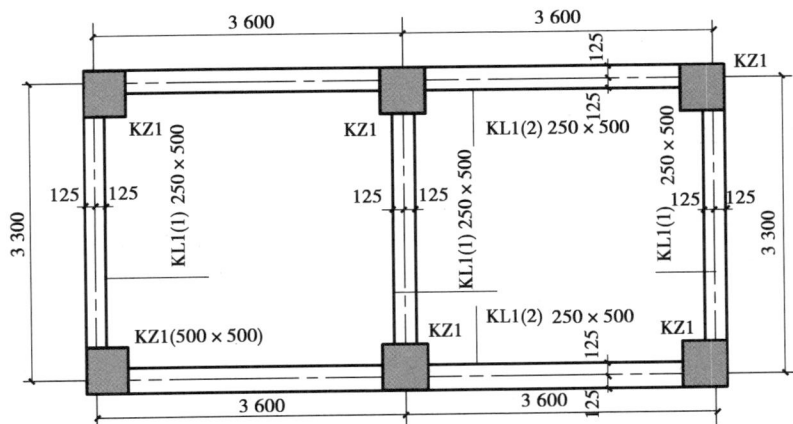

图 9 某工程屋面结构图

17.某工程屋面结构图如图 9 所示,已知本构筑物层高为 3 m,柱高度同层高,板厚均为 100 mm。根据当地预算定额规定,请计算框架柱的工程量。(结果保留两位小数)

18.某工程基础图如图 10 所示,根据当地预算定额规定,完成以下问题:(已知基础垫层为 C10 混凝土,基础混凝土为 C25,商品混凝土)

（1）计算 C30 混凝土带形基础的工程量。（结果保留两位小数）

（2）计算 C30 混凝土带形基础的定额合价。（结果保留两位小数）

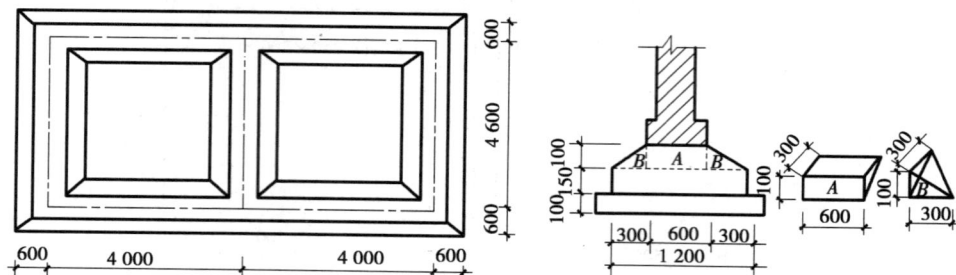

图 10　某工程基础图

19.某工程梁柱配筋图如图 11 所示,根据当地预算定额规定,完成以下问题:(已知有两根单梁,混凝土均为 C30,商品混凝土)

(1)计算 C30 混凝土梁的工程量。(结果保留两位小数)

(2)计算 C30 混凝土矩形柱的工程量。(结果保留两位小数)

(3)假如人工费上涨 9.08%,其他费用不变,计算 C30 混凝土矩形柱的综合单价。(结果保留两位小数)

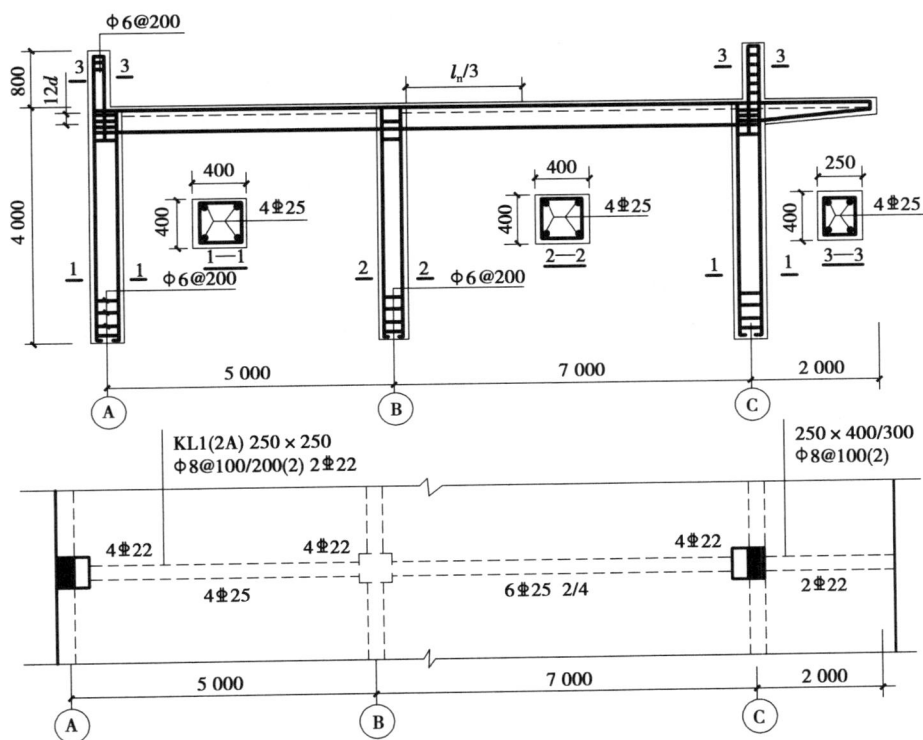

图 11　某工程梁柱配筋图

20.某框架结构图如图 12 所示,板厚均为 150 mm,柱均为 KZ1,尺寸如图所示,柱高均为 +3～+7.5 m,KL1 尺寸为 250 mm×650 mm。根据当地预算定额规定,完成以下问题:(结果保留两位小数)

（1）计算混凝土框架柱的工程量。

（2）计算混凝土有梁板的工程量。

（3）框架柱的混凝土强度等级为 C30,商品混凝土,计算其定额合价。

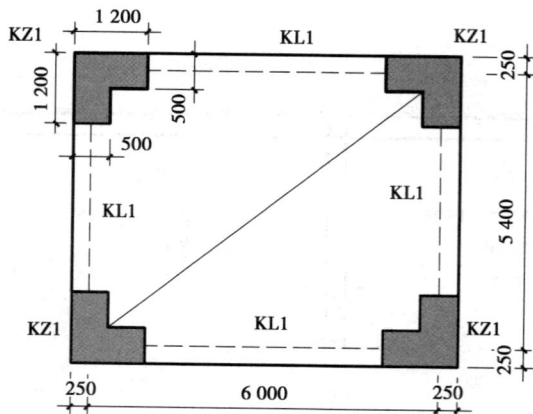

图 12　某框架结构图

21.如图 13 所示,柱尺寸为 600 mm×600 mm,柱和梁的混凝土强度等级均为 C30,混凝土保护层厚度为 20 mm,抗震等级为一级,锚固长度 l_{aE} 为 40d。请根据 22G101 系列平法图集,计算下列工程量:(加密区取 1.4 m,长度保留两位小数,个数取整)

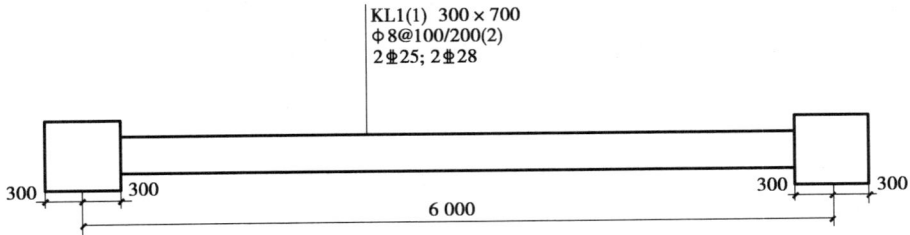

KL1(1) 300×700
Φ8@100/200(2)
2Φ25; 2Φ28

300 300 6 000 300 300

图 13 计算题 21 图

(1)计算上部水平受力钢筋的单根长度。

(2)计算水平底筋的单根长度。

(3)计算整条梁箍筋的根数。

22.如图 14 所示,计算条件如下:

(1)依据 22G101 系列平法图集计算;

(2)抗震等级为三级;

(3)左柱 500 mm×500 mm,右柱 1 500 mm×500 mm,柱按照居中布置;

(4)柱和梁的混凝土强度等级均为 C30,钢筋的锚固长度为 37*d*。

KL1(1) 300 × 700
Φ8@100/200
2⊉20; 2⊉20(−2)/2⊉28

250　250　6 000　750　750

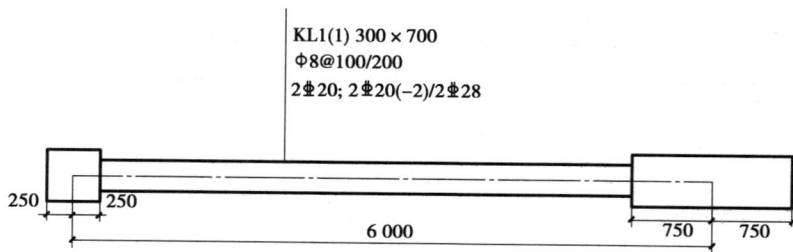

图 14　计算题 22 图

根据上述条件计算下列工程量:(加密区长 1 050 mm,长度保留两位小数,根数取整)

(1)计算上部纵筋的单根长度。

(2)计算直径 20 mm 的下部纵筋的单根长度。

(3)计算整条梁箍筋的根数。

F　金属工程(装配式钢结构工程)

一、单选题(选择最符合题意的答案)

1.根据当地预算定额规定,弧形钢架桥按相应定额项目的人工、机械费乘以系数(　　)。
　　A.1.1　　　　　　　　B.1.2　　　　　　　　C.1.3　　　　　　　　D.1.4

2.根据当地预算定额规定,以下对钢构件描述不正确的是(　　)。
　　A.钢构件安装均按成品考虑
　　B.钢构件成品价包括构件制作工厂底漆
　　C.钢构件成品价中已包括安装现场油漆、防火涂料的工料
　　D.钢构件成品价包括场外运输费用

3.根据当地预算定额规定,以下对钢构件工程描述不正确的是(　　)。
　　A.钢构件安装中未包括所需的普通螺栓
　　B.钢构件安装中需用高强螺栓及栓钉,按实际安装套数计算
　　C.钢构件施工图中未注明的节点板、加强箍、内衬管和接头主材用量按实际用量计算
　　D.钢构件安装用接头主材包括钢板、型钢、圆钢等

4.根据当地预算定额规定,以下对钢构件工程量计算规则描述不正确的是(　　)。
　　A.钢构件均按设计图示尺寸乘以理论质量计算,除钢网架外
　　B.钢构件(钢网架除外)不扣除孔眼、切边、切肢的质量,焊条、铆钉、螺栓等不另增加质量
　　C.管桁架为空间结构,其斜腹杆的长度应以主杆与腹杆的轴线中心来计算长度
　　D.钢构件(钢网架除外)不扣除单个≤0.3 m²的孔洞,焊条螺栓等不另增加质量

5.根据当地预算定额规定,以下对钢构件工程量计算规则描述正确的是(　　)。
　　A.依附在钢柱上的牛腿及悬臂梁等并入钢柱工程量内
　　B.牛腿按零星钢构件计算
　　C.钢吊车梁上的制动梁、制动板、制动桁架、车挡按零星钢构件计算
　　D.依附漏斗的型钢按零星钢构件计算

6.根据当地预算定额规定,以下对钢构件工程量计算规则描述不正确的是(　　)。
　　A.金属网按设计图示尺寸以面积计算
　　B.砖砌体钢丝网加固按实际加固钢丝网面积计算
　　C.雨篷按接触边以"延长米"计算
　　D.钢构件安装连接使用的高强螺栓、栓钉按数量以"t"为单位计算

7.根据当地预算定额规定,以下对钢构件工程量计算规则描述不正确的是(　　)。
　　A.钢网架按设计图示尺寸以质量计算(包括螺栓球质量)
　　B.钢网架不扣除孔眼的质量,焊条、铆钉等不另增加质量
　　C.金属探伤按探伤部位以"延长米"计算
　　D.钢构件安装连接使用的栓钉按质量计算

二、多选题(多选、错选不得分)

1.根据当地预算定额规定,以下对钢构件工程描述正确的是(　　)。
　　A.钢构件工程包括钢构件制作、拼装项目
　　B.钢构件工程包括钢构件安装项目

C.钢构件工程包括钢构件运输项目

D.钢构件工程是按合理的施工方法,结合本省现有的施工机械的实际情况进行综合考虑的

E.构件安装中含吊装机械费

2.根据当地预算定额规定,以下对钢构件工程量计算规则描述正确的是( )。

A.压型钢板楼板按设计图示尺寸以铺设水平投影面积计算

B.不扣除单个≤0.3 m² 的孔洞所占面积

C.压型钢板墙板和压型钢板楼板按设计图示尺寸以铺挂面积计算

D.压型钢板墙板不扣除单个≤0.3 m² 的孔洞所占面积

E.压型钢板墙板包角、包边、窗台泛水等应计算增加面积

3.根据当地预算定额规定,以下对钢构件工程量计算规则描述正确的是( )。

A.钢架桥适用于人行天桥、路桥、城市立交桥

B.钢架桥分为车行钢架桥和人行钢架桥,车行钢架桥适用于机动车辆通行桥

C.钢筋混凝土拱、拱形屋面、楼面等需设置钢拉杆时按钢拉条项目计算,包括钢拉杆的项目(如组合屋架、三绞拱屋架、钢木组合屋架等)不另计算

D.钢墙架项目不包括墙架柱、墙架梁和连接杆件

E.烟囱紧固圈、垃圾门、垃圾箱、晒衣架、加工铁件等小型构件,按零星钢结构项目计算

三、判断题(正确的打"√",错误的打"×")

1.根据当地预算定额规定,钢构件安装中需用高强螺栓时,应按高强螺栓同等扣减普通螺栓。   ( )

2.根据当地预算定额规定,钢构件安装定额中,不包括专门为钢构件安装所搭设的临时性脚手架、承重支架等特殊措施的费用,发生时另行计算。   ( )

3.钢支座定额适用于单独成品支座安装。   ( )

四、填空题

1.根据当地预算定额规定,钢网架安装定额按平面网格结构编制为筒壳、球壳及其他曲面结构,其相应项目安装定额人工、机械乘以系数_____。

2.根据当地预算定额规定,钢桁架安装按直线形桁架编制,如设计为曲线、折线形桁架,其相应项目安装定额人工、机械乘以系数_____。

3.根据当地预算定额规定,钢桥架安装按直线形桁架编制,如设计为曲线、折线形桁架,其相应项目安装定额人工、机械乘以系数_____。

4.根据当地预算定额规定,钢柱安装在混凝土柱上,其机械乘以系数_____。

5.根据当地预算定额规定,高层建筑吊装费按相应定额项目乘以系数_____。

五、思考题

1.身边的钢构件工程有哪些?

2.钢构件工程包括哪些内容?

六、计算题

1.某工程 18 根钢管柱如图 1 所示(已知 $H=7.4$ m,直径 180 mm,厚 4 mm,容重 7.85 t/m^3),分别完成以下问题:

(1)根据当地预算定额规定,请计算钢管柱制安工程量。(结果保留三位小数)

(2)根据计算出的制安工程量,套用当地预算定额,计算出钢管柱制安的定额合价。(结果保留两位小数)

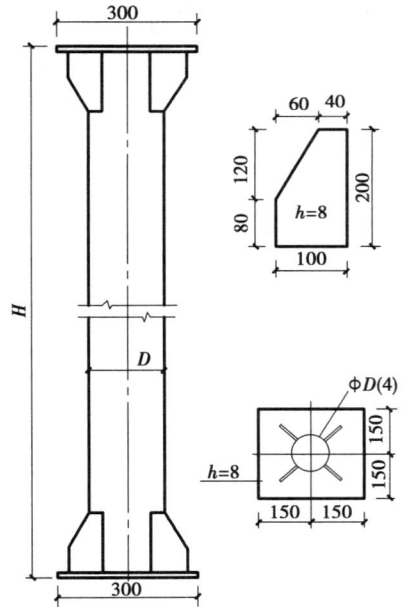

图 1   钢管柱图

2.如图 2 所示，∟ 63×6 理论质量为 5.72 kg/m，－8理论质量为 62.80 kg/m。根据当地预算定额规定，请计算钢支撑项目的工程量。（结果保留三位小数）

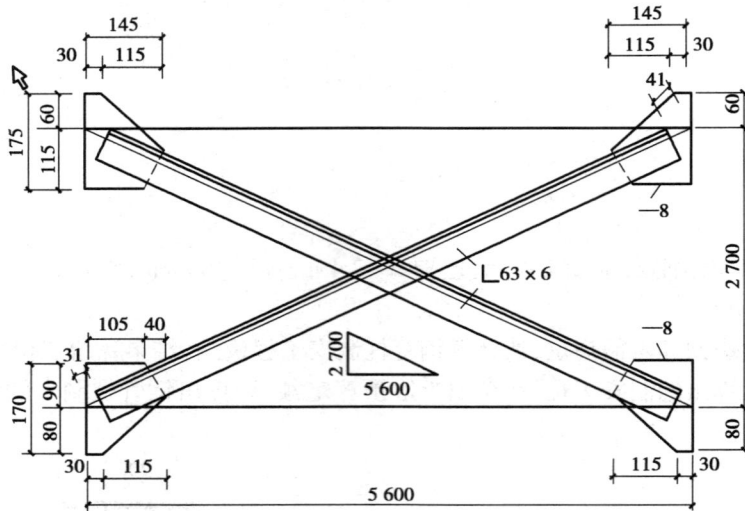

图 2　钢支撑图

G　木结构工程

一、选择题（选择最符合题意的答案）

1.根据当地预算定额规定,以下描述不正确的是(　　　　)。

A.圆柱、梁等圆形截面构件是直接采用原木加工考虑的

B.项目材积内未考虑干燥木材和刨光损耗

C.圆形截面以外的构件是按照板枋材加工考虑的

D.改锯、开料损耗及出材率在材料价格内计算

2.根据当地预算定额规定,以下描述不正确的是(　　　　)。

A.屋架的跨度是指屋架两端上下弦中心线交点之间的长度

B.屋架需刨光者,人工乘以系数 1.15,木材材积乘以系数 1.08

C.屋面板厚度是按毛料计算的,厚度不同时不予换算

D.凡未注明制作和安装的项目,均包括制作和安装的工料

3.根据当地预算定额规定,以下描述不正确的是(　　　　)。

A.木屋架、钢木屋架制安项目均按设计断面竣工木料以"m^3"计算

B.木屋架、钢木屋架制安项目,其后备长度及损耗均未包括在项目内,需另计算

C.附属于屋架的木夹板、垫木等均按竣工木材计算后并入相应的屋架内

D.屋架的马尾、折角和正交部分的半屋架应并入相连接的正屋架竣工材积内

4.根据当地预算定额规定,以下描述不正确的是(　　　　)。

A.屋面木基层工程量按斜面积以"m^2"计算

B.不扣除附墙烟囱、通风孔、斜沟等面积

C.应扣除屋顶小气窗、斜沟等面积

D.天窗挑檐与屋面重叠部分另行计算,并入屋面木基层工程量内

二、多选题（多选、错选不得分）

1.根据当地预算定额规定,以下关于木结构工程说法正确的是(　　　　)。

A.定额中的消耗材积已考虑了配断和操作损耗

B.没有注明制作和安装的项目,均包括制作和安装的工料

C.建筑与装饰工程的木结构中包括了仿古木作工程

D.建筑与装饰工程的木结构中没有包括仿古木作工程

E.所有构件都是按照原木加工考虑的

2.根据当地预算定额规定,以下工程量计算规则描述正确的是(　　　　)。

A.屋面木基层工程量按斜面积乘以厚度以"m^3"计算

B.木盖板、木搁板按图示尺寸以"m^2"计算

C.木楼梯按设计图示尺寸以水平投影面积计算

D.吊檐、博风板以中心线"延长米"计算

E.木屋架、钢木屋架制安项目均按设计断面竣工木料以"m^3"计算

三、判断题（正确的打"√",错误的打"×"）

1.根据当地预算定额规定,檩条长度按设计规定长度计算,搭接长度和搭角出头部分不应计算在内。（　　　）

2.根据当地预算定额规定,木盖板、木搁板按图示尺寸以"m^2"计算。（　　　）

四、填空题

1.根据当地预算定额规定,屋架需刨光者,人工乘以系数_____,木材材积乘以系数_____。

2.根据当地预算定额规定,设计规定檩条需滚圆取直时,其木材材积乘以系数_____,人工乘以系数_____。

五、思考题

1.身边的木结构工程有哪些?

2.木结构工程包括哪些内容?

六、计算题

某工程6榀木结构屋架如图1所示,根据当地预算定额规定,请计算木屋架的工程量。(结果保留两位小数)

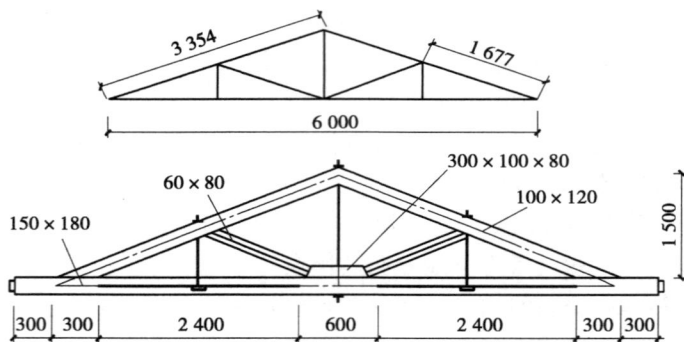

图1 某工程6榀木结构屋架图

H 门窗工程

一、单选题(选择最符合题意的答案)

1.根据当地预算定额规定,以下对门窗工程分部(厂库房大门除外)描述正确的是( )。

　　A.本分部按成品安装和半成品安装编制项目

　　B.成品门窗单价只包括成品制作及安装费用

　　C.采用现场制作的门窗应包括制作和运输费用

　　D.成品门窗单价包括成品制作及运输费用

2.根据当地预算定额规定,以下对木门窗工程描述不正确的是( )。

　　A.全部用冒头结构镶板者称为镶板门

　　B.同一门扇上装玻璃和镶板者,玻璃面积大于或等于镶板面积的1/2者称为半玻门

　　C.在同一门扇上无镶板全部装玻璃者称为全玻门

　　D.用上下冒头或一根中冒头钉企口板,板面起三角槽者称为企口门

3.根据当地预算定额规定,以下对木门窗工程描述不正确的是( )。

　　A.本分部项目所注明的框断面是以边立梃设计净断面为准

　　B.本分部项目框截面如为钉条者,应加钉条的断面计算

　　C.本分部项目刨光损耗未包括在定额内,需另计算

　　D.本分部项目木门窗安装按成品门编制

4.根据当地预算定额规定,以下对厂库房大门、特种门工程描述正确的是( )。

　　A.厂库房大门、特种门的五金按实计算

　　B.全钢板大门项目定额内已包括刷红丹酚醛防锈漆的工料

　　C.门窗扇包镀锌铁皮,以单面为准

　　D.门窗扇包镀锌铁皮,如设计规定为双面包铁皮时,其工料乘以系数0.97

5.根据当地预算定额规定,以下对门窗工程描述不正确的是( )。

　　A."镶板、胶合板门带窗带纱"定额项目,系门和窗均带纱扇

　　B.金属门窗包括普通五金,不包括门锁

　　C.如使用贵重五金时,其费用不另行计算

　　D.本定额不包括木门扇的镶嵌雕花等工艺制作及其材料

6.根据当地预算定额规定,以下对木门窗工程描述不正确的是( )。

　　A.不锈钢片包门框中,木骨架枋材断面按 40 mm×45 mm 计算

　　B.电动伸缩门长度与定额含量不同时,伸缩门及钢轨允许换算

　　C.窗台板厚度为 25 mm,窗帘盒展开宽度为 430 mm

　　D.门窗套龙骨定额内已综合了刷防火涂料一遍的工料

7.根据当地预算定额规定,以下对卷闸门描述正确的是( )。

　　A.卷闸门安装按洞口尺寸以"m²"计算

　　B.安装高度算至滚筒顶点为准

　　C.带卷筒罩的面积不展开

　　D.电动装置安装以套计算,小门安装以个计算,小门面积应扣除

8.根据当地预算定额规定,以下对门窗工程量计算规则描述不正确的是(　　　)。

　　A.不锈钢板包门框、门窗套按展开面积计算

　　B.成品门窗套按设计图示尺寸以"延长米"计算

　　C.成品门窗套若只包单面时,人工乘以系数 0.50

　　D.门窗筒子板按展开面积计算

9.根据当地预算定额规定,以下对门窗工程量计算规则描述不正确的是(　　　)。

　　A.电子感应门按门扇面积计算

　　B.不锈钢电动旋转门按洞口面积计算

　　C.复合塑料门按设计门洞口尺寸以面积计算

　　D.全玻自由门按设计门扇面积以"m²"计算

10.根据当地预算定额规定,以下对金属门窗工程量计算规则描述不正确的是(　　　)。

　　A.橱窗封边按设计图示饰面外围尺寸展开面积以"m²"计算

　　B.橱窗玻璃安装按设计图示封边框内边缘尺寸以"m²"计算

　　C.玻璃肋安装按设计图示肋的尺寸以"延长米"计算

　　D.玻璃磨边以"延长米"计算

11.根据当地预算定额规定,以下对金属门窗工程量计算规则描述不正确的是(　　　)。

　　A.铝合金门窗按设计门窗洞口面积以"m²"计算

　　B.彩板组角门附框安装按"延长米"计算

　　C.金属飘窗按展开面积计算

　　D.钢质防火门按樘计算

二、多选题(多选、错选不得分)

1.根据当地预算定额规定,木门窗安装定额内已包括(　　　)。

　　A.门窗框刷防腐油、安放木砖　　　　　B.刷调和漆一遍

　　C.装玻璃　　　　　　　　　　　　　　D.钉玻璃压条或嵌油灰

　　E.安装一般五金等的工料

2.根据当地预算定额规定,以下对金属门窗描述不正确的有(　　　)。

　　A.天窗定额中的角铁横档,设计用量与定额不同时,允许调整

　　B.双层窗按定额单价乘以系数 1.80 计算

　　C.成品塑钢窗安装按 80 系列编制

　　D.卷闸门(包括卷筒、导轨)、彩板组角钢门窗、塑钢门窗均以成品安装编制

　　E.成品塑钢门安装按 75 系列编制

3.根据当地预算定额规定,以下对金属门窗描述不正确的有(　　　)。

　　A.空腹钢门、钢窗均按钢门窗定额计算

　　B.门窗定额内已包括预埋铁件、水泥脚和玻璃卡以及水泥砂浆或混凝土嵌缝的工料

　　C.金属门窗定额项目包括所有五金

　　D.钢百叶窗按塑钢百叶窗定额项目执行,人工乘以系数 0.9

　　E.彩钢板的副框按彩钢板附框定额项目执行

4.根据当地预算定额规定,以下对门窗工程量计算规则描述正确的有(　　　)。

　　A.门窗贴脸、窗帘盒、窗帘轨按"延长米"计算

　　B.窗台板按设计图示尺寸以面积计算

  C.电子感应门按门扇面积计算,电磁感应装置按套计算

  D.不锈钢电动伸缩门按樘计算

  E.电子对讲门按樘计算

5.根据当地预算定额规定,以下对门窗工程量计算规则描述正确的有(　　　)。

  A.门、窗、门框制作安装工程量,按设计门窗洞口尺寸以面积计算

  B.门、窗无框者按樘计算

  C.实木门扇制作安装及装饰门扇制作按扇外围面积计算

  D.木门、窗半成品运输定额项目包括框和扇的运输,工程量按门樘计算

  E.装饰门扇及成品门安装按樘计算

三、判断题(正确的打"√",错误的打"×")

1.根据当地预算定额规定,定额中金属钢门窗均以成品安装编制。   (　　　)

2.根据当地预算定额规定,防盗窗、金属格栅窗按框外围面积计算。   (　　　)

3.根据当地预算定额规定,塑钢窗含拼樘料者执行塑钢组合窗定额。   (　　　)

4.根据当地预算定额规定,成品铝合金门窗安装项目中,门窗成品价包括门窗框、玻璃、附件、毛条(胶条)、玻璃胶等。   (　　　)

四、思考题

1.本地建筑中常用的门窗种类有哪些?

2.门窗工程量计算中要注意什么?

五、计算题

某工程平面图和剖面图如图1和图2所示,设计说明如下:

(1)内外实心标准砖墙厚240 mm,附墙垛断面为120 mm×240 mm,M5 水泥砂浆(细砂)砌筑;

(2)采用现场搅拌混凝土;

(3)门窗均为成品铝合金,洞口尺寸 M-1 为 1 200 mm×2 400 mm,M-2 为 990 mm×2 000 mm,C-1 为 1 500 mm×1 800 mm;

(4)屋面结构层为现浇钢筋混凝土板,厚 130 mm;女儿墙厚 240 mm。

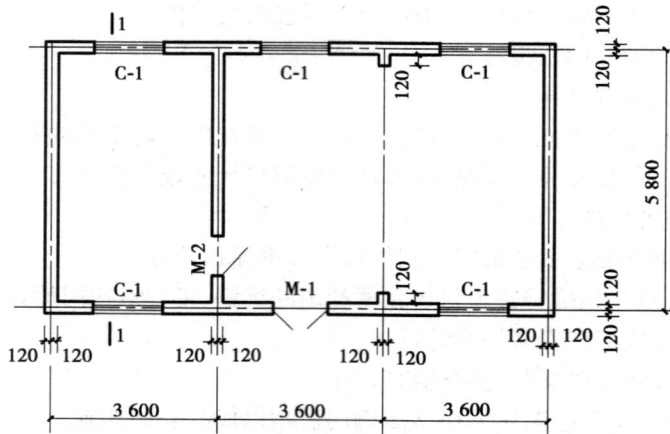

图1 某工程平面图

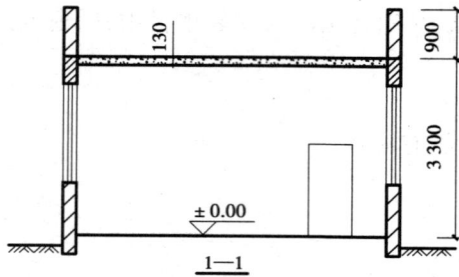

图2 1—1剖面图

请完成以下工程量计算:(结果保留两位小数)

(1)根据当地预算定额规定,请计算成品铝合金窗的工程量。

(2)根据当地预算定额规定,请计算成品铝合金门的工程量。

J　屋面及防水工程

一、单选题(选择最符合题意的答案)

1.根据当地预算定额规定,"J 屋面及防水工程"规定建筑油膏、丙烯酸酯、非焦油聚氨酯变形缝断面按(　　)计算。

　　A.30 mm×25 mm　　　B.30 mm×30 mm　　　C.25 mm×25 mm　　　D.35 mm×30 mm

2.根据当地预算定额规定,"瓦屋面"项目适用于(　　)。

　　A.小青瓦　　　　　　　　　　　　B.石棉水泥瓦、彩色沥青瓦屋面

　　C.平瓦　　　　　　　　　　　　　D.筒瓦

3.根据当地预算定额规定,以下对防水、防潮层描述正确的是(　　)。

　　A.防水层、防潮层项目内包括搭接用量

　　B.防水层、防潮层项目内包含附加层用量

　　C.防水层找平及嵌缝包括在项目内,不应另行计算

　　D.屋面刚性层的找平及嵌缝包括在项目内,不应另行计算

4.根据当地预算定额规定,以下对瓦屋面工程量计算规则描述正确的是(　　)。

　　A.瓦屋面按设计图示尺寸以水平投影面积计算

　　B.应扣除房上烟囱、风帽底座、风道、小气窗、斜沟等所占面积

　　C.小气窗的出檐部分应增加面积

　　D.天窗出檐与屋面重叠部分的面积应并入屋面工程量计算

5.根据当地预算定额规定,以下对屋面工程量计算规则描述不正确的是(　　)。

　　A.玻璃钢瓦屋面、阳光板屋面按实铺面积计算

　　B.镀锌铁皮屋面按实铺面积计算

　　C.彩色沥青瓦屋面按实铺面积计算

　　D.膜结构屋面按实铺面积计算

6.根据当地预算定额规定,以下对地面防水工程量计算规则描述不正确的是(　　)。

　　A.按设计图示尺寸以面积计算

　　B.扣除凸出地面的构筑物、设备基础等所占面积

　　C.不扣除单个≤0.3 m² 的柱、垛、烟囱和孔洞所占面积

　　D.应扣除间壁墙所占面积

7.根据当地预算定额规定,以下对墙面防水、防潮及变形缝计算规则描述不正确的是(　　)。

　　A.墙面防水、防潮按设计图示尺寸以面积计算

　　B.墙基防水,外墙按中心线乘以宽度计算,内墙按净长乘以宽度计算

　　C.变形缝按设计图示以长度计算

　　D.变形缝如内外双面填缝者,工程量乘以系数 1.97

8.根据当地预算定额规定,以下描述不正确的是(　　)。

　　A.铁皮材料与项目不同时,可以换算,但其他材料和用工均不作调整

　　B.铁皮咬口、卷边、搭接的工料,均未包括在项目内

　　C.采用白铁皮弯头时,按铁皮水落管项目执行

　　D.安装塑料水斗、山墙出水口、吐水管等按个数套相应项目

二、多选题(多选、错选不得分)

1.根据当地预算定额规定,变形缝包括(   )。

A.抹灰裂缝   B.沉降缝   C.温度缝

D.抗震缝   E.施工缝

2.根据当地预算定额规定,以下对膜结构描述正确的是(   )。

A.是一种以膜布与支撑和拉结结构组成的屋盖、篷顶结构

B.常用于候车厅、收费站和地下通道出口等

C.膜结构屋面不适用于膜布屋面

D.膜结构中支撑和拉固膜布的钢柱、拉杆、金属网架、钢丝绳、锚固的锚头等未包括在项目内,应另算

E.支撑柱的钢筋混凝土柱基、锚固的钢筋混凝土基础以及地脚螺栓不单独计算

3.根据当地预算定额规定,以下对变形缝描述正确的是(   )。

A.丙烯酸酯、非焦油聚氨酯变形缝断面按 30 mm×25 mm 计算

B.灌沥青、石油沥青玛蹄脂变形缝断面按 30 mm×25 mm 计算

C.如设计变形缝断面或油膏断面与项目不同时,允许换算

D.建筑油膏变形缝断面与项目不同,换算时,材料费不变

E.建筑油膏变形缝断面与项目不同,换算时,人工费不变

4.根据当地预算定额规定,以下对屋面、地面防水计算规则描述正确的是(   )。

A.塑料水落管按设计图示尺寸以长度计算

B.塑料水落管设计未标注尺寸,以檐口至设计室外散水上表面垂直距离计算

C.塑料水落管延伸至地沟、明沟者,其延伸部分的长度不计算

D.铝板穿墙出水口按个计算

E.塑料吐水管按个计算

5.根据当地预算定额规定,以下对屋面、地面防水计算规则描述正确的是(   )。

A.屋面天沟、檐沟按设计图示尺寸以面积计算

B.铁皮和卷材天沟按展开面积计算

C.石棉水泥水斗按个计算

D.注浆止水工程量按注浆体积计算

E.快速封堵工程量按裂缝长度以延长米计算

三、判断题(正确的打"√",错误的打"×")

1.根据当地预算定额规定,屋面防水刚性层项目内已包括刷素水泥浆用量。   (   )

2.根据当地预算定额规定,涂膜防水中的"二布三涂"是指涂料构成防水层数,并非指涂刷遍数,每一层不论刷几遍,项目不作调整。   (   )

3.根据当地预算定额规定,止水带项目内已包括连接件、固定件,不得另行计算。 (   )

4.根据当地预算定额规定,GRC 屋面、镀锌铁皮屋面、彩色沥青瓦等屋面按水平投影面积计算。   (   )

5.根据当地预算定额规定,屋面刚性防水按设计图示尺寸以面积计算。   (   )

6.根据当地预算定额规定,楼地面防水翻边高度大于 300 mm 时,按墙面防水计算。

(   )

四、思考题

1.防水材料有哪些?

2.屋面防水的施工工艺是怎样的?

五、计算题

1.某工程屋面平面图如图 1 所示,根据当地预算定额规定,请计算屋面防水卷材的工程量。(结果保留两位小数)

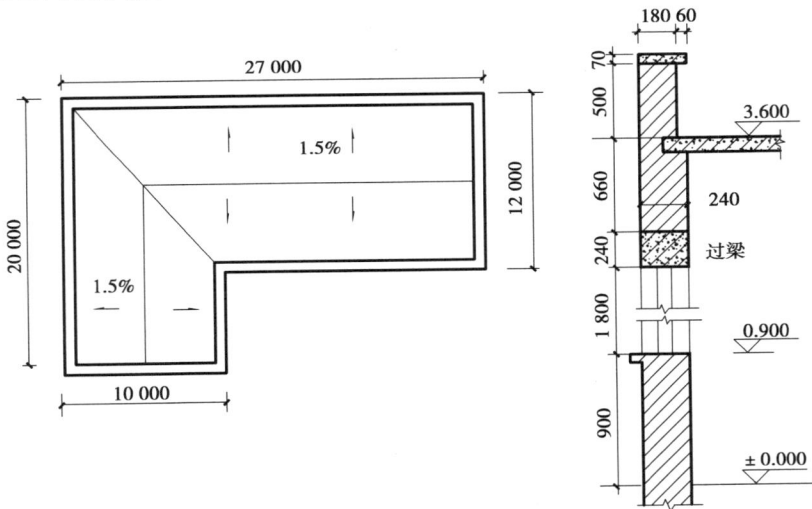

图 1　某工程屋面平面图

2.某工程屋面平面图及做法如图2所示,根据当地预算定额规定,请计算屋面防水卷材的工程量。(结果保留两位小数)

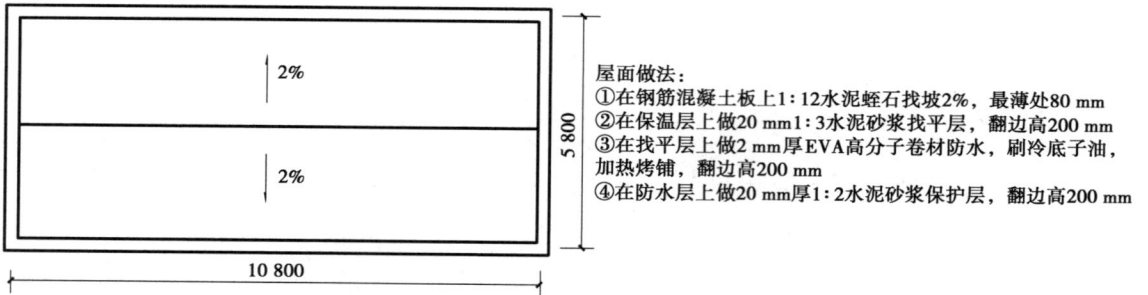

屋面做法:
①在钢筋混凝土板上1:12水泥蛭石找坡2%,最薄处80 mm
②在保温层上做20 mm 1:3水泥砂浆找平层,翻边高200 mm
③在找平层上做2 mm厚EVA高分子卷材防水,刷冷底子油,加热烤铺,翻边高200 mm
④在防水层上做20 mm厚1:2水泥砂浆保护层,翻边高200 mm

图2 某工程屋面平面图及做法

K 保温、隔热、防腐工程

一、单选题(选择最符合题意的答案)

1. 根据当地预算定额规定,以下对防腐工程描述不正确的是(   )。

A. 各种胶泥砂浆配合比或胶泥厚度,如设计规定与项目不同时,不可以换算

B. 水玻璃类面层及块料的水玻璃类结合层项目中均包括涂稀胶泥工料

C. 浇灌硫磺混凝土需支模时,按每"m^2"接触面积增加二等锯材 0.01 m^3

D. 耐酸防腐是按自然法养护考虑的

2. 根据当地预算定额规定,以下对保温、隔热工程描述正确的是(   )。

A. 保温层的保温材料配合比、材质、厚度如设计规定与项目不同时,不能换算

B. 干铺珍珠岩保温层适用于墙及天棚内填充保温

C. 本保温隔热工程项目中保温隔热材料的铺贴包括隔汽层

D. 本保温隔热工程项目中保温隔热材料的铺贴包括隔汽、防潮保护层

3. 根据当地预算定额规定,以下对保温、隔热工程描述正确的是(   )。

A. 稻壳隔热项目已包括稻壳装填前的筛选、除尘工料

B. 玻璃棉在装填前,需用聚氯乙烯塑料薄膜袋包装,包装材料已包括在项目内,但人工需另行计算

C. 附墙铺贴板材,基层上涂刷沥青的工料均未包括在项目内,需另行计算

D. 矿渣棉在装填前需包装,包装材料和人工均未包括在项目内

4. 根据当地预算定额规定,以下对保温、隔热工程描述不正确的是(   )。

A. 柱帽保温隔热应并入天棚保温隔热工程量内

B. 池槽保温隔热,池壁保温隔热应并入墙面保温隔热工程量内

C. 池槽保温隔热,池底保温隔热应并入地面保温隔热工程量内

D. 保温隔热墙的装饰面层包括在保温项目内,不另行计算

5. 根据当地预算定额规定,以下对防腐工程量计算规则描述不正确的是(   )。

A. 防腐工程量按设计图示尺寸以"m^2"或"m^3"计算

B. 耐酸防腐墙面不扣除≤0.3 m^2 孔洞、柱、垛所占面积

C. 耐酸防腐地坪不扣除≤0.3 m^2 孔洞、柱、垛所占面积

D. 砖垛等突出部分包括在墙面内,不另行计算

6. 根据当地预算定额规定,以下对保温、隔热工程量计算规则描述正确的是(   )。

A. 屋面保温工程量按设计图示尺寸以"m^2"或"m^3"计算,应扣除所有柱、垛所占面积

B. 天棚保温工程量按设计图示尺寸以"m^2"或"m^3"计算,应扣除所有孔洞、柱所占面积

C. 隔热楼地面工程量按设计图示尺寸以"m^2"或"m^3"计算,应扣除≤0.3 m^2 孔洞、柱、垛所占面积

D. 沥青贴软木的柱保温按设计图示尺寸以"m^3"计算

7. 根据当地预算定额规定,以下对保温、隔热工程量计算规则描述正确的是(   )。

A. 聚苯乙烯泡沫塑料板的梁保温按设计图示尺寸以"m^2"计算

B. 墙、柱保温装饰板按图示设计尺寸以体积计算

C. 墙、柱保温装饰板应扣门窗洞口以及面积等于 0.3 m^2 孔洞所占面积

D. 墙、柱保温装饰板,门窗洞口侧壁以及与墙相连的柱并入保温墙体工程量内

8.根据当地预算定额规定,以下对防腐工程量计算规则描述不正确的是( )。

A.砌双层耐酸块料面积应按相应项目加倍计算

B.砌筑沥青浸渍砖工程量按设计图示尺寸以面积计算

C.池、槽块料防腐面层按设计图示尺寸以展开面积计算

D.立面防腐门、窗、洞口侧壁凸出部分工程量不增加

二、多选题(多选、错选不得分)

1.根据当地预算定额规定,以下对保温隔热墙工程量计算规则描述正确的是( )。

A.外墙外保温(板材),外墙内、外保温(浆料)项目工程量按设计图示尺寸以展开外围面积计算,其余项目工程量按设计图示尺寸以"m³"计算

B.突出墙面的砖垛保温包括在保温墙体工程量内,不另行计算

C.不扣除门窗洞口所占面积

D.门窗洞口侧壁需做保温时,并入保温墙体工程量内

E.计算带木框或龙骨的保温隔热墙工程量,不扣除木框和龙骨所占面积

2.根据当地预算定额规定,以下对保温隔热工程描述不正确的是( )。

A.保温隔热工程项目包括隔汽等内容

B.柱帽保温隔热工程量并入天棚保温隔热项目

C.柱帽保温隔热工程量并入柱保温隔热项目

D.池槽保温隔热执行地面保温隔热项目

E.防腐地面面层已包括踢脚线工料

3.根据当地预算定额规定,以下按照面积计算保温工程量的是( )。

A.沥青软木屋面保温

B.炉渣混凝土屋面保温

C.聚苯乙烯颗粒屋面保温

D.聚苯板屋面保温

E.中空玻化微珠保温砂浆(浆料)

三、判断题(正确的打"√",错误的打"×")

1.根据当地预算定额规定,整体面层和隔离层的防腐工程项目适用于平面、立面的防腐蚀面层,包括沟、池、槽。 ( )

2.根据当地预算定额规定,防腐工程中,隔离层刷冷底子油是按两遍考虑的。 ( )

3.根据当地预算定额规定,防腐涂料适用于平面、立面的防腐工程的混凝土及抹灰面表面的刷涂。 ( )

4.根据当地预算定额规定,保温、隔热体的厚度按保温隔热材料净厚(不包括打底及胶结材料的厚度)计算。 ( )

四、填空题

1.根据当地预算定额规定,在防腐工程中,块料面层以平面砌块料面层为准,立面砌块料面层执行平面砌块料面层相应项目,其人工乘以系数_____。

2.根据当地预算定额规定,在保温、隔热工程中,池底保温隔热执行地面保温项目,人工乘以系数_____。

五、思考题

1.屋面隔热、保温、防腐工程量计算要注意什么?

2.保温、隔热、防腐材料有哪些?

3.屋面隔热、保温、防腐的施工工艺是怎样的?

六、计算题

1.某工程屋面平面图及做法如图 1 所示,根据当地预算定额规定,请计算屋面保温的工程量。(结果保留两位小数)

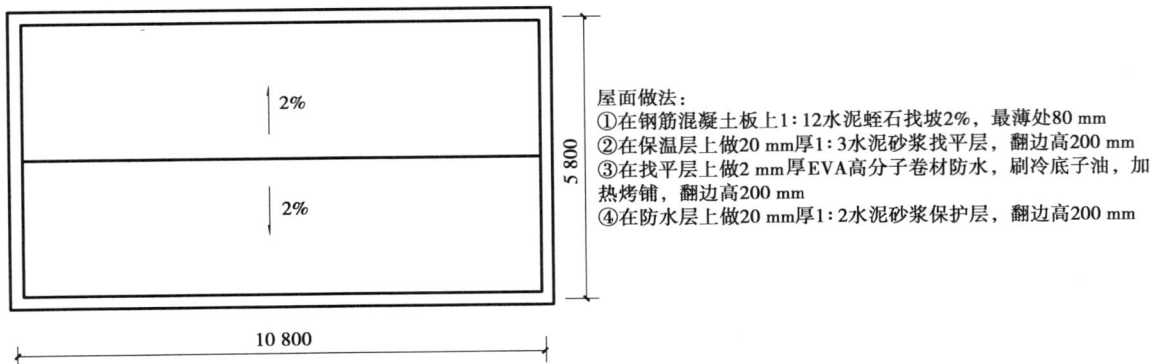

屋面做法:
①在钢筋混凝土板上1:12水泥蛭石找坡2%,最薄处80 mm
②在保温层上做20 mm厚1:3水泥砂浆找平层,翻边高200 mm
③在找平层上做2 mm厚EVA高分子卷材防水,刷冷底子油,加热烤铺,翻边高200 mm
④在防水层上做20 mm厚1:2水泥砂浆保护层,翻边高200 mm

图 1　某工程屋面平面图及做法

2.某冷冻仓库室内保温隔热设计如图 2 所示,采用软木保温层,厚度 10 mm,天棚为木龙骨保温层,门洞不做保温,根据当地预算定额规定,请计算以下工程量:(结果保留两位小数)

(1)天棚保温的工程量;

(2)墙面保温的工程量;

(3)地面保温的工程量。

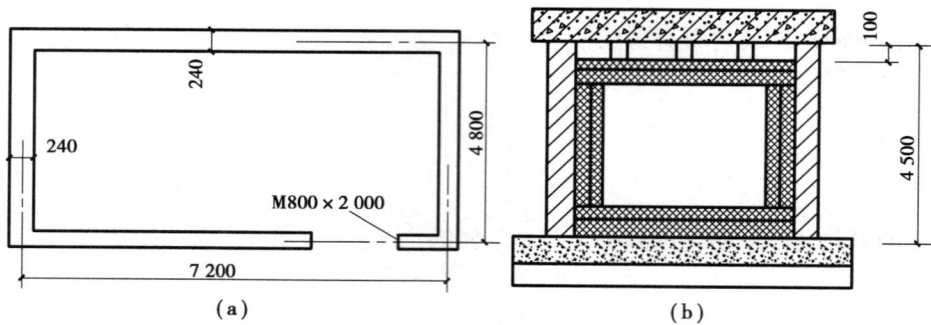

图 2　某冷冻仓库室内保温隔热设计图

L 楼地面装饰工程

一、单选题(选择最符合题意的答案)

1.根据当地预算定额规定,以下对块料面层描述不正确的是( )。

  A.块料面层的材料规格不同时,定额用量不得调整

  B.块料面层项目内只包括结合层砂浆,结合层厚度为 15 mm

  C.块料结合层如与设计不同时,按平面找平层相应"每增减"项目调整

  D.块料未包括砂浆勾缝工料

2.根据当地预算定额规定,以下对整体面层及找平层工程量计算规则描述正确的是( )。

  A.楼地面面层、找平层按墙与墙间的净面积计算,扣除间壁墙所占面积

  B.门洞圈开口部分不增加

  C.应扣除凸出地面的构筑物、设备基础、室内铁道、单个面积>0.5 m² 的落地沟槽、放物柜、炉灶、柱和不做面层的地沟盖板等所占的面积

  D.不扣除垛、间壁墙(厚 120 mm 以内的砌体)、烟囱及单个面积≤0.5 m² 孔洞、柱所占面积

3.根据当地预算定额规定,以下对块料面层、橡塑面层、其他材料面层工程量计算规则描述正确的是( )。

  A.楼地面装饰面积按实铺面积计算

  B.楼地面装饰应扣除单个面积≤0.3 m² 的孔洞、柱所占面积

  C.点缀拼花按点缀外围面积计算

  D.计算主体铺贴地面面积时,应扣除点缀拼花所占面积

4.根据当地预算定额规定,以下对楼地面相关工程量计算规则描述不正确的是( )。

  A.楼梯与楼层相连接时,算至最后一个踏步外边缘加 300 mm 为界

  B.零星装饰项目按设计图示尺寸以面积计算

  C.防滑条、嵌条、封口条按设计图示尺寸以"延长米"计算

  D.楼梯防滑条按楼梯踏步两端间距离减 250 mm,以"延长米"计算

二、多选题(多选、错选不得分)

1.根据当地预算定额规定,以下对整体面层及找平层相关内容描述正确的是( )。

  A.水泥砂浆整体面层的砂浆厚度与定额不同时,按相应定额执行,其厚度不得调整

  B.整体面层除楼梯外,定额均未包括踢脚线工料,按相应定额项目计算

  C.水磨石楼地面如采用金属嵌条时,取消定额中的玻璃条用量

  D.彩色水磨石楼地面嵌条分色以四边形分格为准,如采用多边形或美术图案者,人工乘以系数 1.3

  E.彩色水磨石楼地面定额项目中,颜料是按矿物颜料考虑的,如设计规定颜料用量和品种与定额不同时,允许调整(颜料损耗 3%)

2.根据当地预算定额规定,以下对整体面层及找平层相关内容描述正确的是( )。

  A.定额未包括石材施工现场的侧边磨平

  B.螺旋形楼梯装饰面执行相应楼梯项目,乘以系数 1.15

  C.木龙骨已包括刷防火涂料

D.木地板中地龙骨实际工程用量与定额不同时,可以换算项目中的锯材用量,其损耗率为3%

E.零星装饰项目指楼梯、楼地面波打线、台阶牵边和侧面装饰及 0.3 m² 以内少量分散的楼地面装修

3.根据当地预算定额规定,以下对楼地面工程量计算规则描述正确的是(　　　)。

A.踢脚线按设计图示长度计算

B.块料楼梯面层以水平投影面积(包括踏步、休息平台、锁口梁)计算

C.楼梯井宽 500 mm 以内者不予扣除

D.台阶按设计图示尺寸以台阶(包括最上层踏步外沿加 300 mm)水平投影面积计算

E.楼梯压辊、压板按延长米计算

三、判断题(正确的打"√",错误的打"×")

1.根据当地预算定额规定,楼梯找平层按楼梯水平投影面积计算。　　　　　　(　　)

2.根据当地预算定额规定,楼地面垫层不再单独列项算量。　　　　　　　　　(　　)

3.块料楼地面的工作内容包括清理基层、试排弹线、锯板磨边、调铺砂浆、铺板、灌缝擦缝、清理净面等全部操作过程。　　　　　　　　　　　　　　　　　　　　　(　　)

四、计算题

1.某工程方整石台阶尺寸如图 1 所示。方整石台阶下面做 C15 混凝土垫层,现场搅拌混凝土,上面铺砌 800 mm×320 mm×150 mm 芝麻白方整石块;翼墙部位 1:3 水泥砂浆找平20 mm厚,1:2.5 水泥砂浆粘贴 300 mm×300 mm 芝麻白花岗石板。

计算要求:根据当地预算定额规定,请计算石材零星项目工程量。(结果保留两位小数)

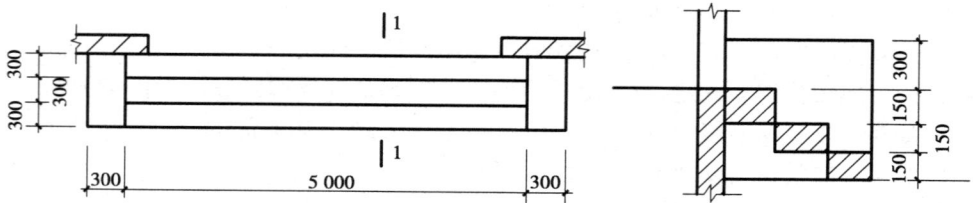

图 1　某工程方整石台阶图

2.某工程底层平面图如图 2 所示,M-1 为 1 000 mm×2 100 mm,M-2 为 800 mm×1 800 mm;C-1 为 1 500 mm×1 500 mm,C-2 为 1 200 mm×1 500 mm。墙体厚度 240 mm,居中布置,门窗按照居中布置,门洞底部均装饰。

计算要求:根据当地预算定额规定,请计算水泥砂浆楼地面工程量。(结果保留两位小数)

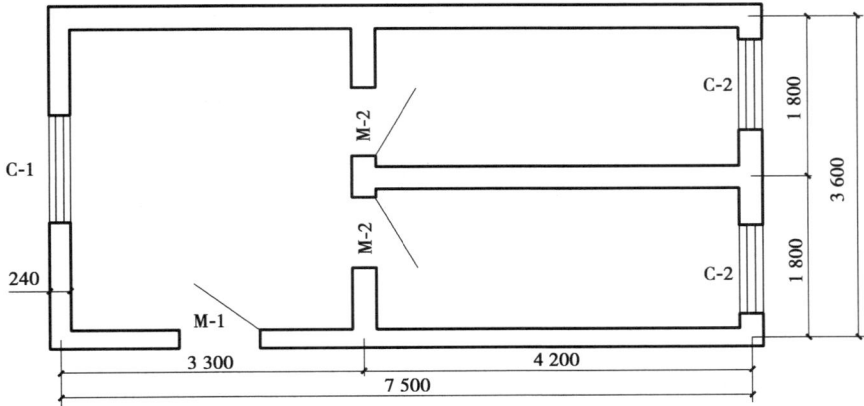

图 2　某工程底层平面图

3.某工程做法如下：

（1）某工程砖混平房如图3所示，室外标高为-0.15 m。砖混平房设计说明如下：

①内外实心标准砖墙厚240 mm，附墙垛断面为120 mm×240 mm，M5水泥砂浆（细砂）砌筑；

②采用现场搅拌混凝土；

③门窗均为成品铝合金，洞口尺寸M-1为1 200 mm×2 400 mm，M-2为900 mm×2 000 mm，C-1为1 500 mm×1 800 mm；

④屋面结构层为现浇钢筋混凝土板，厚130 mm，女儿墙厚240 mm。

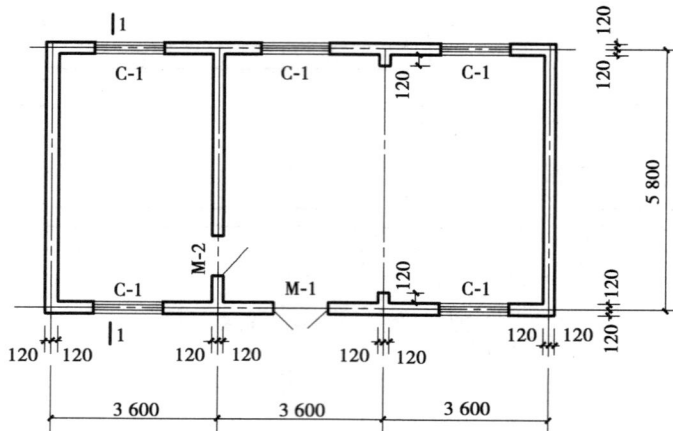

（a）平面图

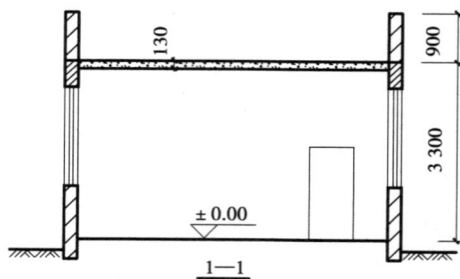

（b）剖面图

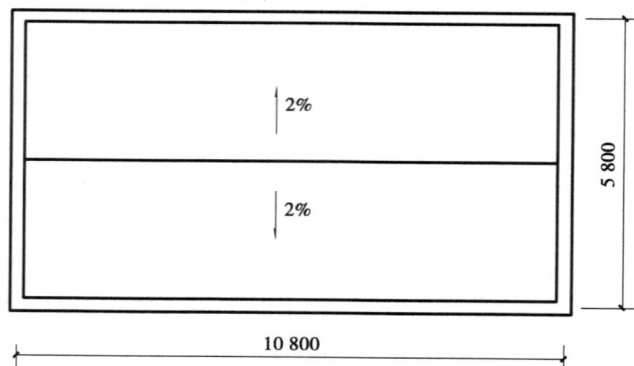

（c）屋面图

图3 某工程砖混平房平面、剖面和屋面图

（2）工程部位及做法：

①地面面层：20 mm 厚 1：2水泥砂浆贴 600 mm×600 mm 防滑地砖，门洞底部均贴砖，M-1门底贴地砖到外墙边；

②地面垫层：100 mm 厚 C10 混凝土，基层素土夯实；

③踢脚线（120 mm 高）面层：彩釉砖踢脚线，门侧均不贴踢脚线；

④踢脚线（120 mm 高）结合层：10 mm 厚 1：3水泥砂浆。

（3）计算要求：

①根据当地预算定额规定，请计算块料楼地面工程量。（结果保留两位小数）

②请根据图示、设计说明及有关要求计算彩釉砖踢脚线工程量。（结果保留三位小数）

4.某工程首层平面图如图 4 所示,根据当地预算定额规定,列项并计算楼地面分部的相应工程量。

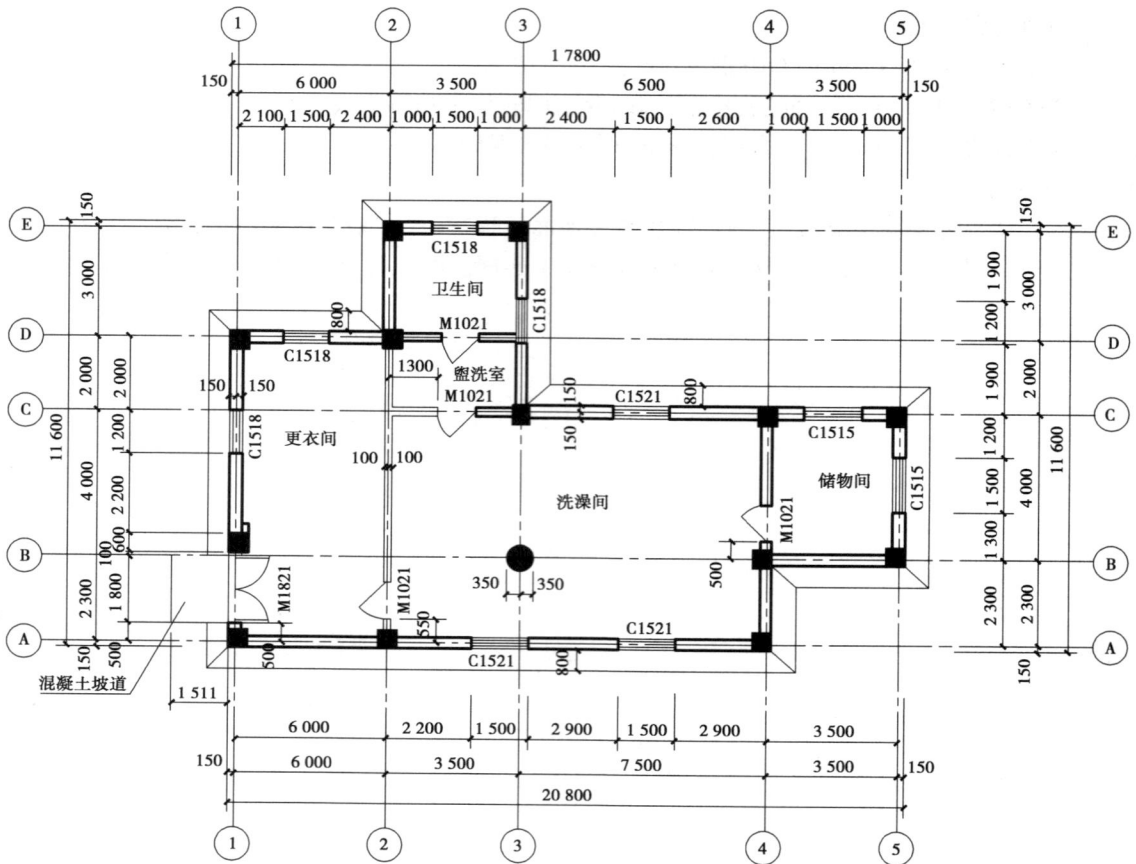

有水房间楼地面防水做法:
①35 mm厚C15细石混凝土面层(提浆抹光);
②15 mm厚1:3水泥砂浆找平层;
③1.2 mm厚丙烯酸酯涂料防水层;
④20 mm厚1:3水泥砂浆找平层;
⑤水泥浆一道(内掺建筑胶);
⑥60 mm厚C15混凝土垫层;
⑦素土夯实。

注:卫生间、盥洗室防水翻边高900 mm;
洗澡间防水到顶(4.2 m);
更衣室翻边高200 mm;
门窗居中安装,门、窗框断面均为80 mm宽;
独立柱面需做防水到顶(4.2 m)。

图 4 某工程首层平面图

M 墙柱面装饰与隔断工程

一、单选题(选择最符合题意的答案)

1.根据当地预算定额规定,以下对墙柱面装饰与隔断工程描述不正确的是(   )。
   A.设计砂浆种类、厚度与定额不同时,允许材料、人工耗量按比例调整
   B.墙、柱面设计抹灰厚度与定额不同时,按相应立面砂浆找平层每增减一遍的项目调整
   C.普通抹灰为三遍成活
   D.高级抹灰为四遍成活

2.根据当地预算定额规定,以下对墙柱面装饰与隔断工程描述正确的是(   )。
   A.圆弧形、锯齿形和其他不规则的墙柱面镶贴块料面层时,人工乘以系数1.3
   B.砂浆粘贴块料面层不包括找平层、结合层砂浆
   C.仿石砖按面砖定额执行,人工乘以系数1.30
   D.瓷砖、面砖面层如带腰线者,在计算面层面积时不扣除腰线所占面积,腰线材料费按实计算,其损耗率为2%

3.根据当地预算定额规定,以下对墙柱面装饰与隔断工程描述不正确的是(   )。
   A.干挂大理石(花岗石)项目中的不锈钢连接件与设计不同时可以调整
   B.设计面砖用量与定额不同时可以调整
   C.门窗、空圈、侧壁粘贴块料执行零星块料项目
   D.零星镶贴块料项目适用于面积≤0.3 m² 少量分散的装饰

4 根据当地预算定额规定,以下对墙柱面装饰与隔断工程中相关系数的描述不正确的是(   )。
   A.墙、柱(梁)面的凸凹造型,面层每平方米凸凹造型增加高级技工0.1 工日
   B.墙、柱面装饰面层,如果用两种及以上材料构成,执行拼色拼图案项目,人工乘以系数1.30,材料乘以系数1.20
   C.柱(梁)面及零星项目干挂石材的钢骨架按墙面干挂石材钢骨架项目执行,人工乘以系数1.1
   D.幕墙龙骨架材料与设计用量不同时,可按设计调整,损耗按7%计算

5.根据当地预算定额规定,以下对内墙面抹灰计算规则描述不正确的是(   )。
   A.内墙抹灰的长度,以墙与墙间图示净长尺寸计算
   B.无墙裙的,其高度以室内地坪面至板底面计算
   C.有墙裙的,其高度按墙裙顶点至板底面计算
   D.吊顶天棚,其高度以室内地坪面(或墙裙顶点)至天棚下皮另加100 mm 计算

6.根据当地预算定额规定,以下对镶贴块料计算规则描述不正确的是(   )。
   A.镶贴块料面层按设计图示尺寸以镶贴表面积计算
   B.扣除门窗洞口及单个面积>0.5m² 的孔洞所占的面积
   C.柱墩、柱帽以个计算
   D.干挂石材钢龙骨架按设计图示尺寸以质量计算

7.根据当地预算定额规定,以下对墙柱饰面工程量计算规则描述不正确的是(   )。
   A.墙面木装饰龙骨、基层、面层应分别列项计算
   B.墙面木装饰基层工程量按设计图示墙净长乘以净高以面积计算
   C.附墙垛、门窗侧壁、柱帽柱墩按展开面积并入相应的墙柱面面积内
   D.扣除门窗洞口及单个面积>0.5 m² 的孔洞所占的面积

二、多选题(多选、错选不得分)

1.根据当地预算定额规定,以下对墙面装饰与隔断工程描述正确的是( )。

A.定额中墙面混合砂浆抹灰厚度为 18 mm

B.混凝土基层抹灰厚度包括水泥砂浆刮糙层

C.块料面层结合层砂浆厚度为 15 mm

D.一般抹灰和装饰抹灰定额内均不包括基层刷素水泥浆工料

E.护角线工料已包括在抹灰定额内,不另计算

2.根据当地预算定额规定,以下对墙面装饰与隔断工程的项目内容描述正确的是( )。

A.木作墙柱面是按龙骨、基层、面层分别列项编制

B.若有特殊工艺要求的防腐处理,费用按实计入木材材料单价中

C.材料规格、龙骨间距如设计与定额不同时,不允许换算

D.综合单(基)价中已含普通防腐处理

E.龙骨已包括刷防火涂料,不再单独计算

3.根据当地预算定额规定,以下对抹灰工程量计算规则描述正确的是( )。

A.抹灰工程量均按设计结构尺寸(有保温隔热、防潮层者,按其外表面尺寸)计算

B.扣除墙裙、门窗洞口及单个孔洞>0.3 m² 的面积

C.扣除踢脚线、挂镜线和墙与构件交接处的面积

D.单个孔洞≤0.3 m² 的侧壁及顶面不增加面积

E.附墙柱、梁、垛、烟囱侧壁并入相应的墙面面积内

4.根据当地预算定额规定,以下对墙柱面装饰与隔断工程量计算规则的描述正确的是( )。

A.抹灰分格、嵌缝按勾缝面面积计算

B.独立柱和单梁等的抹灰,按设计图示柱断面周长乘以高度(有保温隔热、防潮层者,按其外表面尺寸)以面积计算

C.水泥黑板、玻璃黑板按框外围面积计算

D.飘窗凸出外墙面增加的抹灰,以外墙外边线为分界线分别并入内、外墙工程量

E.墙、柱、梁及零星项目勾缝按勾缝面的面积以"m²"计算

5.根据当地预算定额规定,以下对幕墙与隔断工程量计算规则描述不正确的是( )。

A.与幕墙同种材质的窗所占面积也应扣除

B.幕墙与建筑顶端、两端的封边按图示尺寸以"m²"计算,自然层的水平隔离与建筑物的连接按"延长米"计算

C.全玻幕墙如有加强肋者,按平面展开面积并入幕墙工程量面积计算

D.隔断工程量不扣除单个面积小于 0.5 m² 的孔洞所占的面积

E.浴厕门的材质与隔断相同时,门的面积并入隔断面积内

三、判断题(正确的打"√",错误的打"×")

1.根据当地预算定额规定,柱、梁的抹灰、粘贴块料及饰面等适用于不与墙或天棚相连的独立柱、梁。 ( )

2.根据当地预算定额规定,门窗洞口和空圈侧壁、顶面抹灰已包括在定额内,不再单独计算。 ( )

3.根据当地预算定额规定,圆弧形、锯齿形、不规则形墙柱面抹灰,按相应项目人工乘以系数 1.15。 ( )

4.根据当地预算定额规定,凡使用白水泥、彩色石子或白水泥、白石子浆掺颜料者,均属

彩色水磨石、美术水刷石、美术干粘石、美术剁假石。 （　　　）

5.根据当地预算定额规定,带美术图案的陶瓷艺术砖按面砖定额执行,人工乘以系数1.30。

（　　　）

6.墙、柱饰面定额未包括刷油漆、涂料、裱糊工程内容。 （　　　）

7.幕墙上带窗者,增加的工料按相应定额计算。 （　　　）

8.单独的外窗台抹灰长度,如设计图纸无规定时,可按窗洞宽度两边共加 200 mm 计算,窗台展开宽度按 360 mm 计算。 （　　　）

9.墙、柱(梁)面的凹凸造型不展开计算,已包括在相应的定额内。 （　　　）

10.清水房未安装门窗的抹灰处理,门窗洞口侧壁按 100 mm 宽展开计算该部分抹灰面积,并入相应墙面抹灰工程量内。 （　　　）

四、计算题

1.如图 1 所示,现需对室内 4 根 800 mm×800 mm 独立柱进行花岗石饰面,柱面挂贴 30 mm厚花岗石板,花岗石板和柱结构面之间空隙填灌 50 mm 厚1:3水泥砂浆。根据当地预算定额规定,请计算花岗石柱面的工程量。（结果保留两位小数）

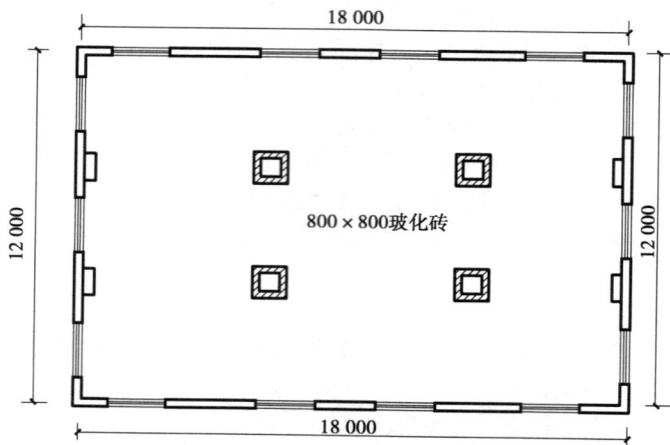

（a）平面图

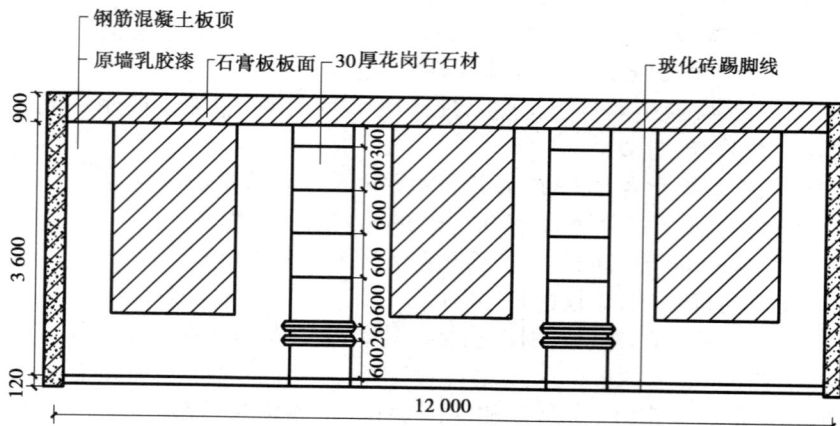

立面剖面图

注:图中尺寸为设计尺寸
(以实际放样为准)

（b）立面剖面图

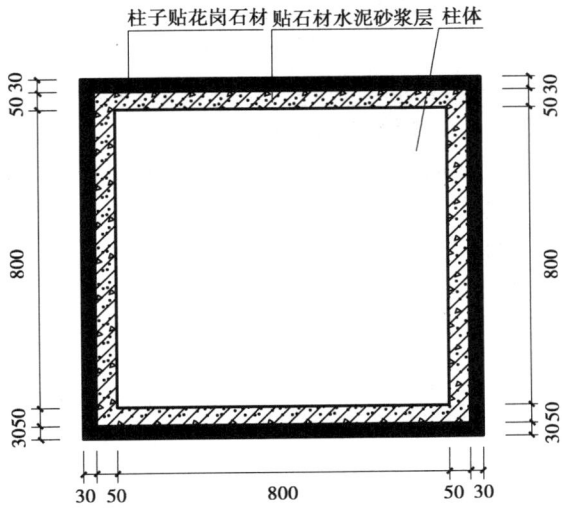

柱子贴花岗石材 贴石材水泥砂浆层 柱体

(c) 立柱剖面图

图 1 某室内独立柱图

2.某工程如图 2 所示,墙体厚度 200 mm,居中布置;门窗按照居中布置,门框 60 mm,块料踢脚线高 100 mm;M-1 尺寸为 1 800 mm×2 700 mm,C-1 尺寸为 1 800 mm×2 100 mm;内墙墙面为 1∶0.5∶2.5 混合砂浆一般抹灰,外墙面为 1∶3 水泥砂浆抹灰,墙面做米黄色块料墙裙(找平层、结合层、块料总厚为 45 mm,门窗侧壁做法同墙面)。

根据当地预算定额规定,完成以下工程量计算:(结果保留两位小数)

(1)请计算内墙抹灰工程量。

(2)请计算外墙抹灰工程量。

(3)请计算外墙踢脚线工程量。

(4)请计算外墙块料墙裙、零星块料工程量。

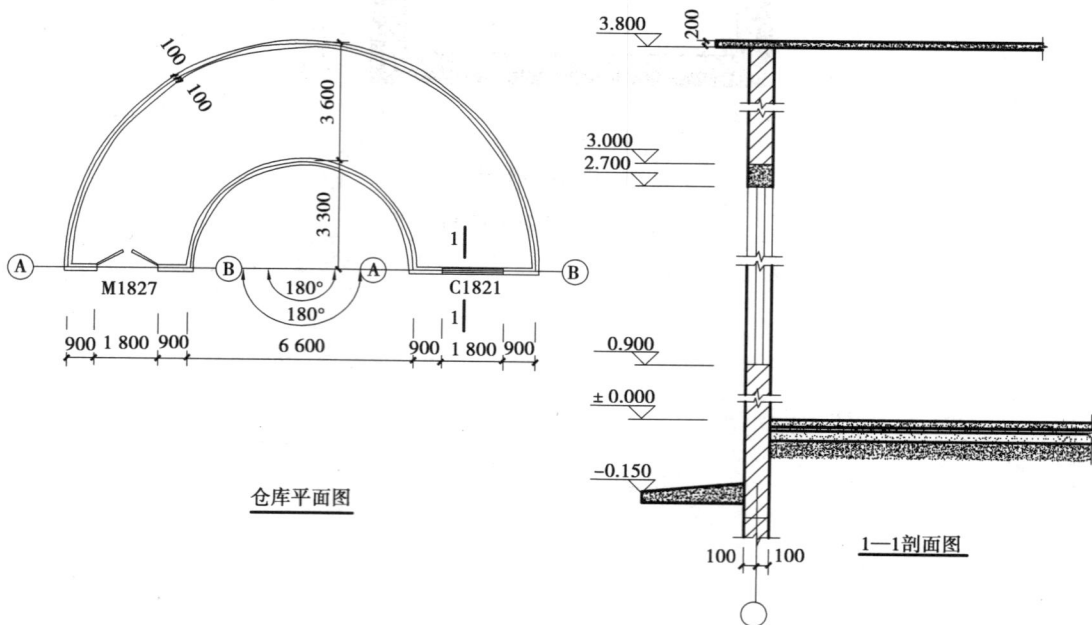

图 2　某仓库平面图及剖面图

N　天棚工程

一、单选题(选择最符合题意的答案)

1.根据当地预算定额规定,板式楼梯底面抹灰按( )计算。
　　A.水平投影面积　　　　　　　　B.水平投影面积乘以系数1.20
　　C.水平投影面积乘以系数1.2　　D.斜面积

2.根据当地预算定额规定,槽形板底、混凝土折瓦板底抹灰工程量按规定乘以系数( )计算。
　　A.1.25　　　　　B.1.35　　　　　C.1.50　　　　　D.1.2

3.根据当地预算定额规定,以下对天棚抹灰工程描述正确的是( )。
　　A.装饰线系指天棚面或内墙面抹灰起线,每一个突出棱角为一道线
　　B.装饰线抹灰定额中不包括突出部分的工料
　　C.井字梁天棚系指井内面积≤3 m² 的密肋小梁天棚
　　D.装饰线抹灰定额中包括底层抹灰的工料

4.根据当地预算定额规定,以下对天棚吊顶工程描述不正确的是( )。
　　A.天棚面层定额中未包括检查孔的工料,需另行计算
　　B.天棚面层未包括各种装饰线条,设计要求时,另行计算
　　C.中空玻璃采光天棚、钢化玻璃采光天棚的金属结构骨架按金属分部相应定额项目计算
　　D.胶合板如钻吸音孔时,每100 m² 增加一般装饰技工6.5 工日

5.根据当地预算定额规定,以下对天棚吊顶工程量计算规则描述不正确的是( )。
　　A.天棚龙骨按主墙间净空面积计算
　　B.不扣除检查口、附墙烟囱、垛和管道所占面积
　　C.应扣除间壁墙、柱
　　D.天棚中的折线、迭落等圆弧形、高低灯槽等面积也不展开计算

6.根据当地预算定额规定,以下对天棚吊顶工程量计算规则描述正确的是( )。
　　A.天棚基层及面层按水平投影面积计算
　　B.不扣除>0.3 m² 的占位面积
　　C.不扣除与天棚相连的窗帘盒所占面积
　　D.天棚中的高低灯槽及其他艺术形式天棚面层,按展开面积计算

7.根据当地预算定额规定,以下对天棚吊顶工程量计算规则描述不正确的是( )。
　　A.楼梯底面的装饰工程量按水平投影面积计算
　　B.凹凸天棚按展开面积计算
　　C.镶贴镜面按实铺面积计算
　　D.天棚中的折线、迭落等圆弧形、拱形天棚面层,按展开面积计算

二、多选题(多选、错选不得分)

1.根据当地预算定额规定,以下对天棚抹灰工程量计算规则描述正确的是( )。
　　A.天棚抹灰面积按墙与墙间的净空面积计算
　　B.不扣除间壁墙(厚度≤120 mm 的墙体)
　　C.应扣除垛、附墙烟囱、检查洞
　　D.应扣除天棚装饰线脚
　　E.不扣除管道以及单个面积≤0.3 m² 的占位面积

2.根据当地预算定额规定,以下对天棚抹灰工程量计算规则描述正确的是( )。
　　A.有梁板底抹灰按展开面积计算,梁两侧抹灰面积并入天棚面积内

B.天棚抹灰定额内未考虑小圆角的工料

C.阳台底面抹灰按设计图示尺寸以水平投影面积计算,并入相应天棚抹灰面积内

D.雨篷底面抹灰按设计图示尺寸以水平投影面积计算,并入相应天棚抹灰面积内

E.檐口天棚的抹灰,并入相应的天棚抹灰工程量内计算

3.根据当地预算定额规定,以下对天棚龙骨描述正确的有( )。

A.天棚龙骨如与设计要求不同时,人工、材料允许调整,其他材料不变

B.天棚龙骨如与设计要求不同时,材料允许调整,人工及其他材料不变

C.天棚木龙骨已综合了刷防火涂料两遍

D.天棚木龙骨未包括刷防火涂料,防火涂料应单独列项

E.天棚龙骨项目未包括灯具、电气设备等安装所需的吊挂

三、判断题(正确的打"√",错误的打"×")

1.根据当地预算定额规定,天棚面层在同一标高者为平面天棚,天棚面层不在同一标高者为跌级天棚。 ( )

2.根据当地预算定额规定,天棚抹灰定额内不包括基层刷水泥 801 胶浆一遍的工料。 ( )

3.根据当地预算定额规定,天棚吊顶是按龙骨、基层、面层分别列项编制,使用时,根据设计选用。 ( )

4.根据当地预算定额规定,天棚面层未包括各种装饰线条,设计要求时,另行计算。( )

5.根据当地预算定额规定,楼梯底面抹灰工程量(包括楼梯休息平台)按水平投影面积计算,套用天棚抹灰定额。 ( )

6.根据当地预算定额规定,跌级造型天棚,其面层安装人工费乘以系数 0.9。 ( )

7.根据当地预算定额规定,在天棚抹灰工程中,阳台如带悬臂梁者,其工程量乘以系数 0.8。 ( )

8.根据当地预算定额规定,在天棚抹灰工程中,雨篷如带悬臂梁者,其工程量乘以系数 1.2。 ( )

四、计算题

1.某工程钢筋混凝土天棚如图 1 所示,板厚 100 mm。根据当地预算定额规定,请计算天棚抹灰工程量。(结果保留两位小数)

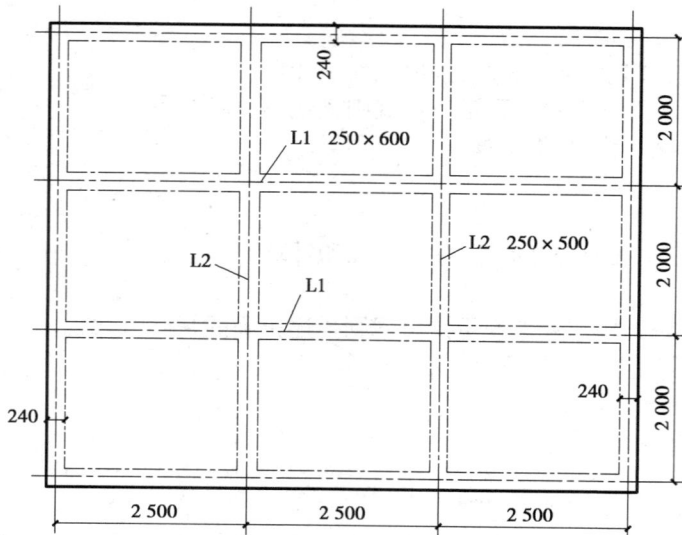

图 1 带梁天棚平面图

2.如图2所示,某工程屋面结构层为现浇钢筋混凝土无梁板,板厚200 mm。天棚面做法为:

(1)钢筋混凝土板底面清理干净;

(2)刷水泥801胶浆一遍;

(3)7 mm厚1∶1∶4水泥石灰砂浆;

(4)面层5 mm厚1∶0.5∶3水泥石灰砂浆满刮滑石粉腻子两遍。

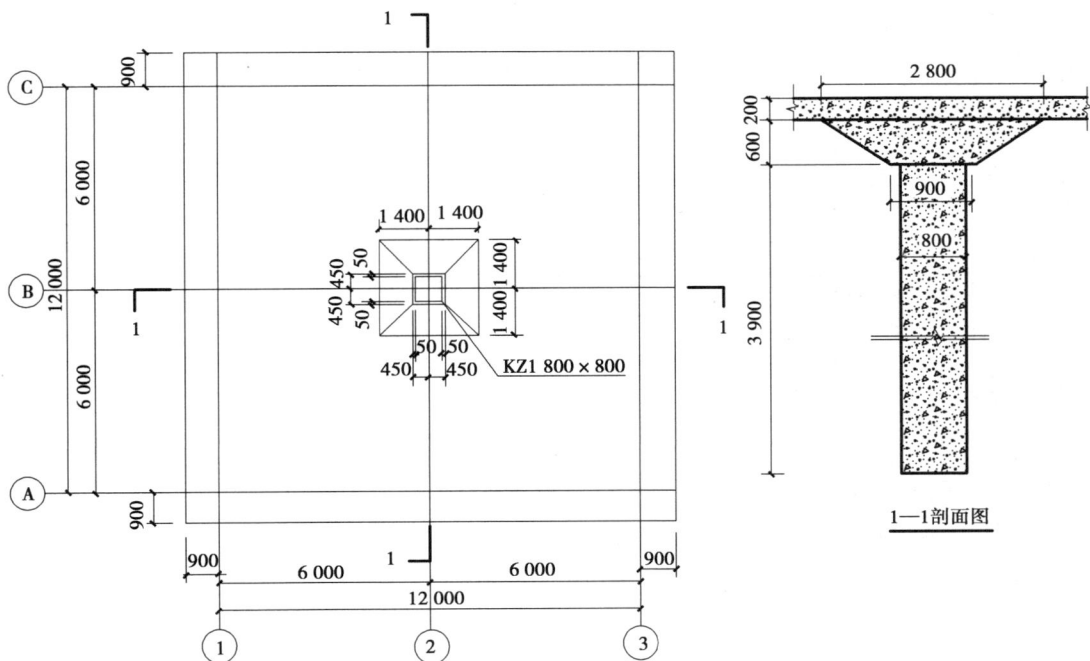

图2 某工程天棚面做法图

计算要求:(结果保留两位小数)

(1)根据当地预算定额规定,请计算天棚抹灰工程量。

(2)若抹灰使用水泥砂浆(中砂),套用当地预算定额,计算天棚抹灰定额合价。

3.某工程卫生间平面图如图 3 所示,墙厚均为 200 mm,未标注的门均为 M0821,未标注的柱均为 KZ1(400 mm×400 mm)。卫生间内吊顶做法为:

(1)30 mm×30 mm 木龙骨,间距 450 mm;

(2)300 mm×300 mm 铝扣板吊顶;

(3)金属条收边。

计算要求:根据当地预算定额规定,请计算天棚吊顶工程量。(结果保留两位小数)

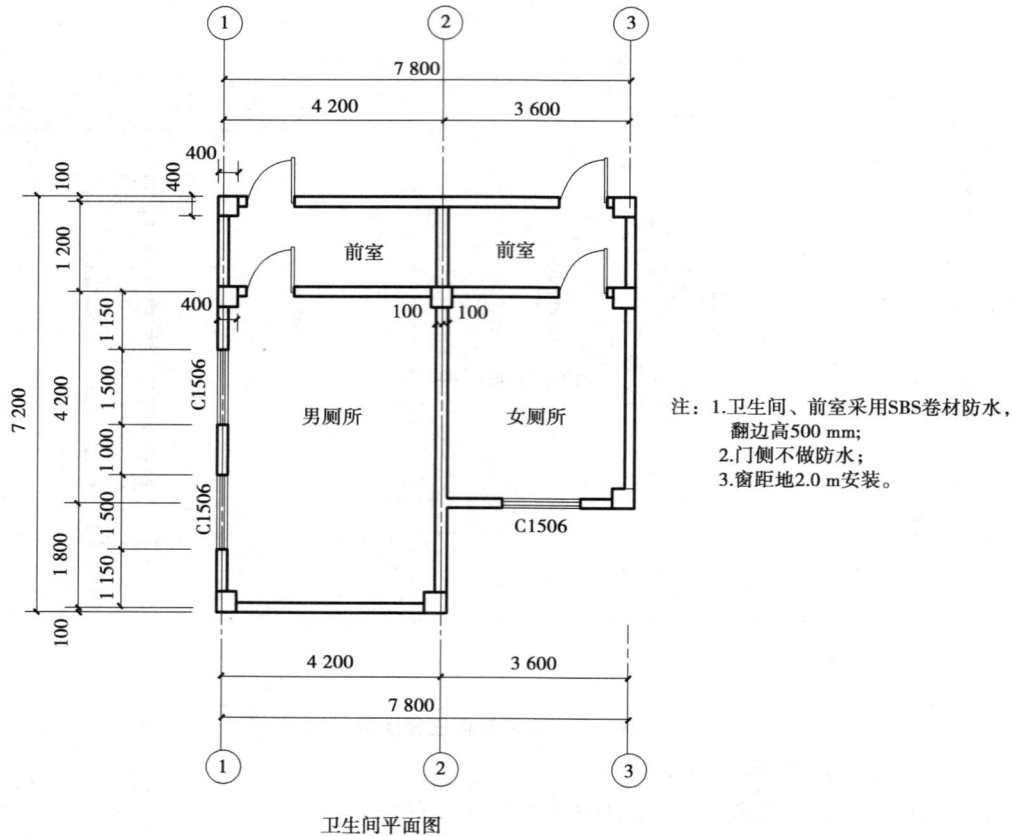

卫生间平面图

注:1.卫生间、前室采用SBS卷材防水,翻边高500 mm;
2.门侧不做防水;
3.窗距地2.0 m安装。

图 3　某工程卫生间平面图

P　油漆、涂料、裱糊工程

一、不定项选择题

1.根据当地预算定额规定,以下对喷塑(一塑三油)、底油、装饰漆、面油,其规格划分描述不正确的有(　　　)。

　　A.大压花:喷点压平,点面积在 1.2 cm² 以上

　　B.中压花:喷点压平,点面积在 1~1.2 cm²

　　C.喷中点、幼点:喷点面积在 1 cm² 以下

　　D.零星点:喷点面积在 0.5 cm² 以下及分散少量部位

2.根据当地预算定额规定,以下对油漆、涂料、裱糊工程描述不正确的有(　　　)。

　　A.定额中的双层木门窗(单裁口)是指双层框扇

　　B.定额中的单层木门刷油是按双面刷油考虑的,如采用单面刷油,其定额含量乘以系数 0.49 计算

　　C.定额中的木扶手油漆为不带托板考虑

　　D.线条与所附着的基层同色同油漆者,应单独计算线条油漆

3.根据当地预算定额规定,以下对油漆、涂料、裱糊工程描述不正确的有(　　　)。

　　A.隔墙、护壁、柱刷防火涂料执行其他木材面刷防火涂料相应子目

　　B.天棚面层及木地板刷防火涂料执行其他木材面刷防火涂料相应子目

　　C.木楼梯(不包括底面)油漆执行木楼梯相应子目

　　D.单层木门油漆执行木门定额

4.根据当地预算定额规定,以下对油漆、涂料、裱糊工程描述正确的有(　　　)。

　　A.本定额刷涂、刷油采用手工操作,喷塑、喷涂采用机械操作

　　B.油漆浅、中、深各种颜色,已综合在定额内

　　C.在同一平面上的分色及门窗内外分色已综合考虑

　　D.同一平面上如需做美术图案者,另行计算

　　E.定额内规定的喷、涂、刷遍数与设计要求不同时,不得调整

二、判断题(正确的打"√",错误的打"×")

1.根据当地预算定额规定,墙面油漆刷涂操作方法与定额不同时,不予调整。　　　(　　　)

2.根据当地预算定额规定,油漆颜色不同时,要予以调整。　　　(　　　)

3.根据当地预算定额规定,涂料品种与定额不同时,可以换算,人工、机械不变。　　　(　　　)

4.根据当地预算定额规定,木楼梯(不包括底面)油漆按水平投影面积乘以系数 1.2。　　　(　　　)

三、思考题

思考并总结墙面抹灰、墙面块料、墙面乳胶漆工程量计算规则的异同。

四、计算题

某工程如图 1 和图 2 所示,屋面板为 200 mm 厚现浇平板,墙厚均为 240 mm,门窗居中安装,门窗口厚均为 60 mm,内墙面瓷砖踢脚线高 100 mm(柱踢脚线同墙面),内墙面、柱面、天棚面均为乳胶漆(满刮腻子,底一遍、面两遍)。

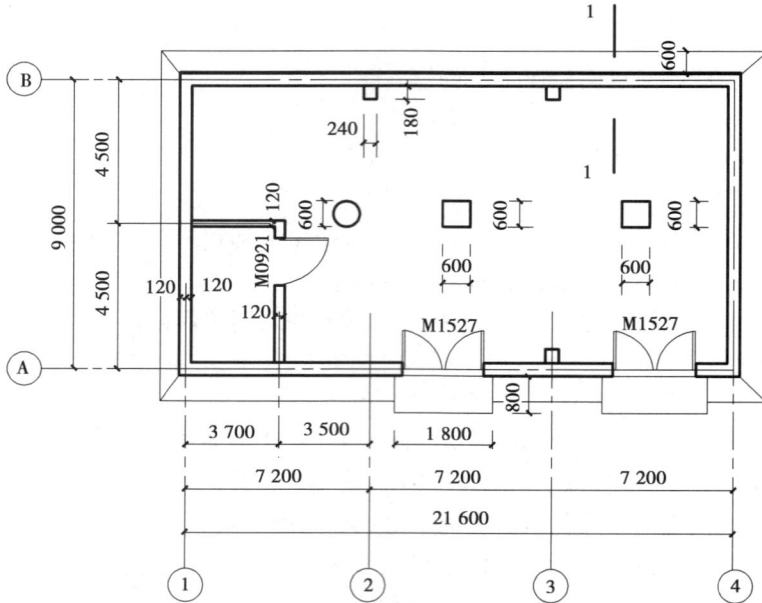

图 1　底层平面图

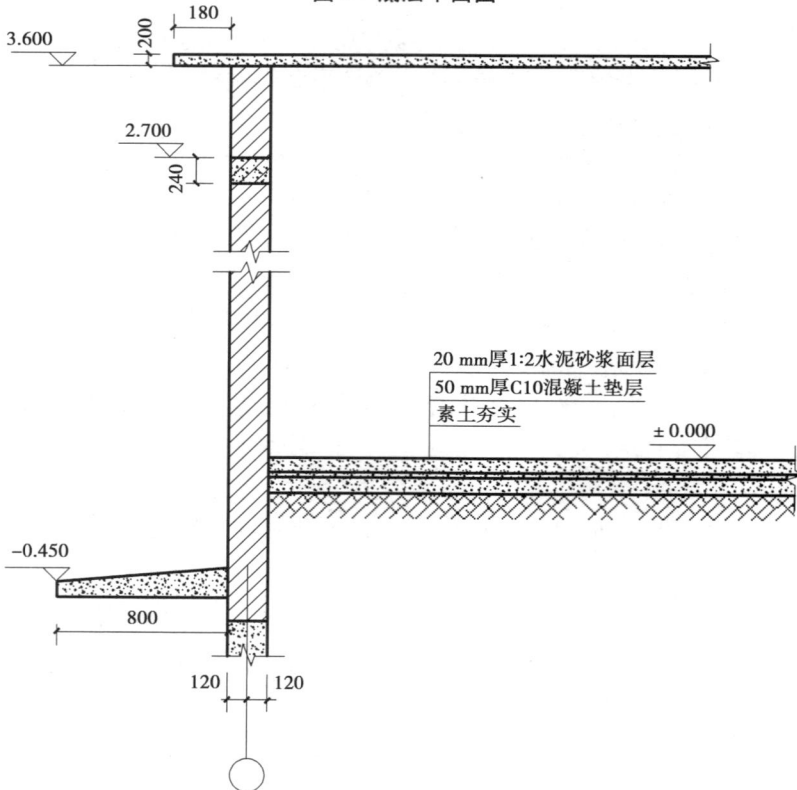

图 2　1—1 剖面图

根据当地预算定额规定,完成以下工程量计算:(结果保留两位小数)

(1)请计算内墙面乳胶漆工程量。

(2)请计算柱面乳胶漆工程量。

(3)请计算天棚面乳胶漆工程量。

Q 其他装饰工程

一、单选题(选择最符合题意的答案)

1.根据当地预算定额规定,以下对其他装饰工程分部描述不正确的是(　　　)。

　A.本分部项目材质相同而规格品种不同时,可以换算

　B.柜类项目不包括柜门拼花;定额中的材料与设计含量不同时,不能调整

　C.柜台项目分别按龙骨、面板(隔板)、柜类五金及装饰线套用相应定额项目

　D.栏杆、栏板项目适用于楼梯、走廊、回廊及其他装饰性栏杆、栏板和扶手,实际使用材料、规格、耗量与定额不同时,允许换算

2.根据当地预算定额规定,以下对其他装饰工程分部中"招牌基层"描述不正确的是(　　　)。

　A.平面招牌是指安装在门前的墙面上;箱式招牌、竖式标箱是指六面体固定在墙上

　B.一般招牌和矩形招牌是指正立面平整无凸出面,复杂招牌和异形招牌是指正立面有凸起或造型。招牌的灯饰均包括在定额内

　C.沿雨篷、檐口、阳台走向的立式招牌,套用平面招牌的复杂项目

　D.雨篷吊挂饰面的龙骨、基层、面层项目按天棚工程相应定额计算

3.根据当地预算定额规定,以下对其他装饰工程分部中"雨篷、旗杆"描述不正确的是(　　　)。

　A.雨篷吊挂饰面的龙骨包括在装饰面层项目内,不再单独计算

　B.雨篷吊挂饰面的基层、面层按天棚工程相应定额计算

　C.旗杆基座装饰按楼地面和墙、柱面工程相应定额计算

　D.杆体按设计另行计算

二、多选题(多选、错选不得分)

1.根据当地预算定额规定,以下对其他装饰工程分部计算规则描述正确的是(　　　)。

　A.柜台龙骨按"m²"计算

　B.镶板龙骨、面板(隔板)按展开面积计算

　C.柜类五金柜锁、执手、合页、玻璃夹等按数量计算

　D.金属滑槽(轮)按"延长米"计算

　E.栏杆、栏板、扶手按图示尺寸以扶手中心线长度(包括弯头长度)计算

2.根据当地预算定额规定,以下对其他装饰工程分部计算规则描述正确的是(　　　)。

　A.沿雨篷、檐口或阳台走向的立式招牌基层按平面招牌复杂形执行时,应按展开面积计算

　B.箱式招牌和竖式标箱基层按外围体积计算。突出箱外的灯饰、店徽及其他艺术装潢等,另行计算

　C.压条、装饰条均按"延长米"计算

　D.美术字安装按字的最大外接矩形面积计算

　E.窗帘盒、窗帘轨按"延长米"计算

三、判断题(正确的打"√",错误的打"×")

1.美术字安装按字的最大外接投影面积计算。　　　　　　　　　　　　　　　　　(　　　)

2.根据当地预算定额规定,在其他装饰工程分部中,木装饰线、石膏装饰线、石材装饰线均以成品安装为准。　　　　　　　　　　　　　　　　　　　　　　　　　　　　(　　　)

3.根据当地预算定额规定,在其他装饰工程分部中,石材磨边、台面开孔项目均为现场磨制。　　　　　　　　　　　　　　　　　　　　　　　　　　　　(　　)

4.根据当地预算定额规定,在其他装饰工程分部中,平面招牌基层按正立面面积计算,但复杂形凹凸造型部分应增减。　　　　　　　　　　　　　　　　　　　(　　)

5.根据当地预算定额规定,在其他装饰工程分部中,招牌的面层套用天棚相应面层项目,其人工乘以系数1.2。　　　　　　　　　　　　　　　　　　　　　　　　(　　)

6根据当地预算定额规定,在其他装饰工程分部中,在天棚面上钉直形装饰条者,其人工乘以系数0.8;钉弧形装饰条者,其人工乘以系数1.2,材料乘以系数0.8。　　(　　)

7.根据当地预算定额规定,在其他装饰工程分部中,墙面安装弧形装饰线条者,人工乘以系数0.8,材料乘以系数0.8。　　　　　　　　　　　　　　　　　　　(　　)

四、计算题

1.某工程平墙式暖气罩,尺寸如图1所示,胶合板基层,榉木板面层,机制的花格散热口共20个。根据当地预算定额规定,请计算饰面板暖气罩的工程量。(结果保留两位小数)。

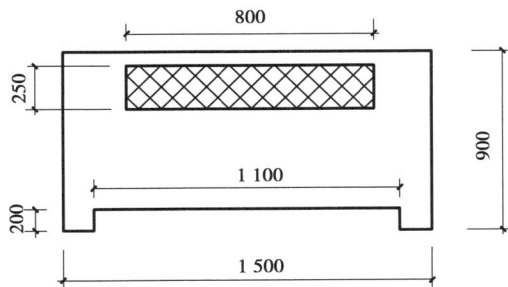

图1　暖气罩示意图

2.某工程 6 层建筑楼梯设计图如图 2 所示,楼梯面层为花岗石面层,采用 1.2 m 高型钢栏杆木扶手,栏杆转弯处为 0.3 m/个,顶层的安全栏杆水平长 1 m,楼梯底面为水泥砂浆抹灰。

计算要求:根据当地预算定额规定,请计算型钢栏杆木扶手的工程量。(结果保留两位小数)

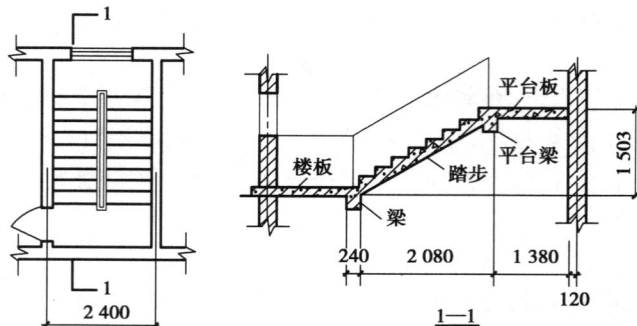

图 2   某工程楼梯设计图

R　拆除工程

一、不定项选择题

1.根据当地预算定额规定,楼梯表面块料拆除按楼地面块料拆除项目执行,人工乘以系数(　　　)。

  A.1.4   B.1.1   C.1.5   D.0.9

2.根据当地预算定额规定,以下对拆除工程描述不正确的是(　　　)。

  A.本分部适用于已建、在建项目及建筑物抗震加固工程中的局部拆除

  B.本分部适用于控制爆破拆除或机械整体性拆除

  C.对拆除后旧料的回收、利用,承发包双方应在承发包合同中约定

  D.定额中不包括拆除材料水平运距的清理、集中、分类堆码和垃圾、废土归堆

  E.对原有结构的保护措施费应另行计算

3.根据当地预算定额规定,以下对拆除工程量计算规则描述正确的是(　　　)。

  A.钢筋混凝土栏板拆除以"延长米"计算

  B.块料面层拆除按实拆面积以"m²"计算

  C.楼梯表面块料按水平投影面积以"m²"计算

  D.龙骨及饰面拆除按水平投影面积以"m²"计算,扣除室内柱子所占面积

  E.门窗拆除按门窗洞口面积以"m²"计算

二、计算题

某工程6层建筑楼梯设计图如图1所示,楼梯面层为水磨石面层,采用1.2 m高型钢栏杆木扶手,栏杆转弯处为0.3 m/个,顶层的安全栏杆水平长1 m,楼梯底面为水泥砂浆抹灰。

计算要求:根据当地预算定额规定,请计算拆除钢栏杆木扶手的工程量。(结果保留两位小数)。

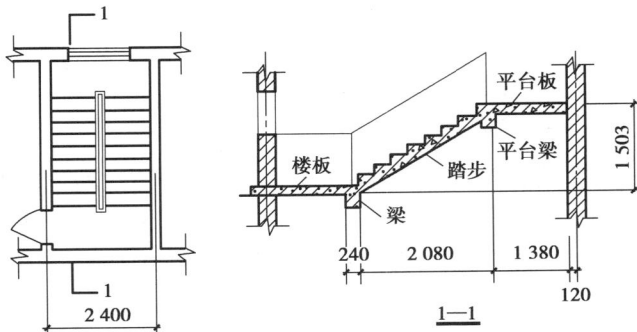

图1　某工程楼梯设计图

S 措施项目

一、单选题（选择最符合题意的答案）

1.根据当地预算定额规定,以下对脚手架工程量计算规则描述不正确的是(   )。

  A.综合脚手架已综合考虑了斜道、上料平台,不再另行计算

  B.单项脚手架未综合考虑斜道、上料平台,需另行计算

  C.综合脚手架、单项脚手架综合考虑了安全网,不再另行计算

  D.独立柱基或设备基础投影面积超过 20 m^2 时,按满堂脚手架基本层费用乘以 50%计取

2.根据当地预算定额规定,以下对综合脚手架计算规则描述不正确的是(   )。

  A.凡能够按"建筑面积计算规则"计算建筑面积的建筑与装饰工程,均按综合脚手架定额项目计算脚手架摊销费

  B.综合脚手架已综合考虑了砌筑、浇筑、吊装、抹灰、油漆、涂料等脚手架费用

  C.连同土建一起施工的装饰工程,装饰工程使用土建的外脚手架时,外墙装饰(以单项脚手架计取脚手架摊销费除外)按外脚手架项目乘以系数 40%

  D.檐口高度>50 m 的综合脚手架中,外墙脚手架是按提升架综合的,实际施工不同时可作调整

3.根据当地预算定额规定,以下对脚手架工程量计算规则描述不正确的是(   )。

  A.综合脚手架应分单层、多层和不同檐高,按建筑面积计算综合脚手架

  B.满堂基础脚手架工程量按其底板面积计算

  C.外脚手架按搭设的垂直投影面积计算

  D.里脚手架按所服务对象的垂直投影面积计算

4.根据当地预算定额规定,以下对建筑物檐高描述不正确的是(   )。

  A.檐高是指檐口的设计标高

  B.檐高是指设计室外地坪至檐口滴水的高度

  C.凸屋面的电梯间、水箱间不计算檐高

  D.平顶屋顶是指屋面板底高度

5.根据当地预算定额规定,以下对现浇混凝土模板及支架工程描述不正确的是(   )。

  A.复合模板项目适用于木、竹胶合板、复合纤维板等品种的复合模板

  B.建筑工程砖砌现浇混凝土构件地胎膜按零星砌砖项目计算,抹灰工程按零星抹灰计算

  C.现浇混凝土梁、板、柱、墙,支模高度是按净高≤3.9 m 编制的

  D.高支模适用于支模高度≥8 m 或者板厚≥500 mm 的高大支撑体系

6.根据当地预算定额规定,以下对现浇钢筋混凝土墙、板模板及支架工程量计算规则描述不正确的是(   )。

  A.现浇钢筋混凝土墙、板上单孔面积≤0.3 m^2 的孔洞不予扣除

  B.单孔面积≤0.3 m^2 的孔洞洞侧壁模板不增加

  C.单孔面积>0.3 m^2 时应予扣除

  D.单孔面积>0.3 m^2 洞侧壁模板不增加

7.根据当地预算定额规定,以下对建筑物垂直运输描述不正确的是( )。

　　A.定额中的工作内容包括单位工程在合理工期内完成所承包的全部工程项目所需的垂直运输机械费

　　B.除本定额有特殊规定外,其他垂直运输机械的场外往返运输、一次安拆费用未包括在台班单价中

　　C.同一建筑物带有裙房者或檐高不同者,应分别计算建筑面积,分别套用不同檐高的定额项目

　　D.同一檐高建筑物多种结构类型,按不同结构类型分别计算,分别计算后的建筑物檐高均以该建筑物总檐高为准

8.根据当地预算定额规定,以下对建筑物垂直运输描述正确的是( )。

　　A.檐高≤3.6 m 的单层建筑物不计算垂直运输费

　　B.建筑物垂直运输项目,超过 9 层的建筑物均以檐高为准

　　C.定额中的垂直运输机械系综合考虑,不论实际采用何种机械均应执行本定额

　　D.连同土建一起施工的装饰工程,其垂直运输机械费不再单独计算

9.根据当地预算定额规定,以下对建筑物超高施工增加费描述不正确的是( )。

　　A.单层建筑物檐高>20 m、高层建筑物大于 6 层,均应按超高部分的建筑面积计算超高施工增加费

　　B.建筑物超高施工增加费是指单层建筑物檐高>20 m、多层建筑物大于 6 层的人工、机械降效、施工电梯使用费、安全措施增加费、通信联络、建筑垃圾清理及排污费、高层加压水泵的台班费

　　C.同一建筑物的不同檐高,以最大高度的建筑面积计算超高施工增加费

　　D.连同土建一起施工的装饰工程超高施工增加费不得另行计算

10.根据当地预算定额规定,以下对大型机械进场费描述正确的是( )。

　　A.大型机械进场费定额是按≤25 km 编制的,进场和出场分两次计算

　　B.每个工程进场和出场分两次计算,均按"大型机械进场费"的相应定额执行

　　C.进场费已包括架线费、过路费、过桥费、过渡费等

　　D.进场费定额内未包括回程费用,实际发生时按相应经常费项目执行

11.根据当地预算定额规定,以下对大型机械设备进出场及安拆描述不正确的是( )。

　　A.大型机械一次安拆费定额中已包括机械安装完毕后的试运转费用

　　B.塔式起重机轨道式基础包括铺设和拆除的费用,轨道铺设以直线为准

　　C.现浇基础如需打桩时,其打桩费用按"C 桩基工程"桩基分部相应定额项目计算

　　D.自升式塔式起重机现浇基础已包括挖基础土方的费用

12.根据当地预算定额规定,以下对大型机械进场费计算规则描述不正确的是( )。

　　A.塔式起重机轨道式基础铺设按两轨中心线的实际铺设长度以"m"计算

　　B.固定式基础以"座"计算

　　C.大型机械一次安拆费按安拆次数计算

　　D.大型机械进场费均按"台·次"计算

二、多选题(多选、错选不得分)

　　1.某房屋建筑物为 9 层框架结构带 1 层地下室,筏板基础,施工单位同时承包建筑与装饰、安装工程的施工,以下关于该工程的脚手架描述正确的是( )。

A.该工程要列"综合脚手架"项目,按建筑面积计算

B.地下室与主楼水平投影面积重叠部分的建筑面积按主楼檐高套用相应脚手架定额

C.该工程要列"满堂脚手架"项目,按满堂脚手架基本层费用乘以系数50%

D.该工程要列"外脚手架"项目,外墙装饰按外墙脚手架项目乘以系数40%

E.综合脚手架已经包括装饰工程所需的脚手架,该工程不列"外墙脚手架"项目

2.根据当地预算定额规定,以下对单项脚手架工程量计算规则描述正确的是(　　　)。

A.外脚手架、里脚手架、整体提升脚手架均按房屋对象的垂直投影面积计算

B.挑脚手架按搭设长度乘以搭设层数以"延长米"计算

C.悬空脚手架按搭设的水平投影面积计算

D.满堂脚手架按搭设的水平投影面积计算,不扣除垛、柱所占面积

E.吊篮脚手架按外墙垂直投影面积计算,要扣除门窗洞口所占面积

3.根据当地预算定额规定,以下对现浇混凝土模板及支架工程描述正确的是(　　　)

A.现浇混凝土模板是按组合钢模、木模、复合模板和目前施工技术、方法编制的

B.现浇混凝土梁、板、柱、墙,支模高度是按层高≤3.9 m编制的,层高超过3.9 m时,超过部分工程量另按梁、板、柱、墙支撑超高费项目计算

C.清水模板按相应定额项目执行,人工按规定增加一般普通工日,其他费用不变

D.别墅(独立别墅、联排别墅)各模板按相应定额项目执行,材料用量乘以系数1.2

E.后浇带模板按相应构件模板项目综合单价乘以系数,包含后浇带模板、支架的保留、重新搭设、恢复、清理等费用

4.根据当地预算定额规定,以下对现浇混凝土模板及支架工程量计算规则描述正确的是(　　　)。

A.现浇混凝土及钢筋混凝土模板工程量,按混凝土与模板接触面的面积以"m²"计算

B.现浇混凝土构件模板工程量的分界规则与现浇混凝土构件工程量的分界规则一致

C.构造柱外露面均应按图示外露部分计算,马牙槎按槎处的宽度计算

D.现浇混凝土悬挑板(挑檐、雨篷、阳台)按图示外挑部分尺寸的水平投影面积计算,挑出墙外的牛腿梁及板边模板按接触面积并入工程量

E.现浇混凝土楼梯以图示露明尺寸的水平投影面积计算,不扣除小于500 mm楼梯井所占面积,踏步、踏步板平台梁等侧面模板不另计算

5.根据当地预算定额规定,以下按照建筑面积作为工程量的项目有(　　　)。

A.综合脚手架　　　　B.单项脚手架　　　　C.模板及支架

D.垂直运输　　　　E.大型机械进出场及安拆

6.根据当地预算定额规定,以下描述正确的是(　　　)。

A.同一建筑物带有裙房者或者檐高不同者,应分别计算建筑面积,分别套用不同檐高的定额项目

B.超高施工增加费按超高部分的建筑面积计算工程量

C.大型机械一次安拆、大型机械进出场均以"台·工日"计算

D.轻型井点的井管安装、拆除以根为单位计算

E.已完工程及设备保护按被保护面积以"m²"计算

三、判断题(正确的打"√",错误的打"×")

1.根据当地预算定额规定,脚手架项目的工作内容包括场内、外材料搬运,搭拆脚手架、

斜道、上料平台、安全网及拆除后的材料堆放。　　　　　　　　　　　（　　　）

2.根据当地预算定额规定,阶梯形(锯齿形)现浇楼板每一梯步宽度大于 300 mm 时,模板工程按板的相应项目综合单价乘以系数 1.5。　　　　　　　　　　（　　　）

3.根据当地预算定额规定,现浇混凝土台阶按图示尺寸的水平投影面积计算,台阶端头两侧不另计算模板面积。　　　　　　　　　　　　　　　　　　　（　　　）

4.根据当地预算定额规定,檐高≤3.9 m 的单层建筑物不计算垂直运输机械费。　（　　　）

5.根据当地预算定额规定,同土建一起施工的装饰工程,其垂直运输机械费不再单独计算。
　　　　　　　　　　　　　　　　　　　　　　　　　　　　　　　（　　　）

6.根据当地预算定额规定,连同土建一起施工的装饰工程超高施工增加费不得另行计算,二次装饰装修工程其超高按相应规定计算。　　　　　　　　　　　（　　　）

7.根据当地预算定额规定,集水井按设计图示尺寸数量以"座"计算。　　　（　　　）

四、计算题

1.某构造柱如图 1 所示,尺寸为 200 mm×200 mm,柱支模高度为 3 m,墙厚 200 mm。根据当地预算定额规定,请计算构造柱模板工程量。(结果保留两位小数)

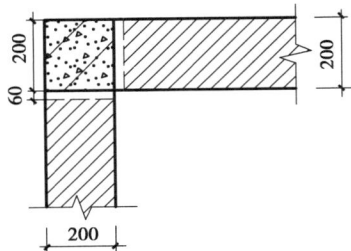

图 1　构造柱图

2.某工程如图 2 所示,层高 3 m,柱高度同层高,厚度均为 100 mm,所有梁体均居中设置。

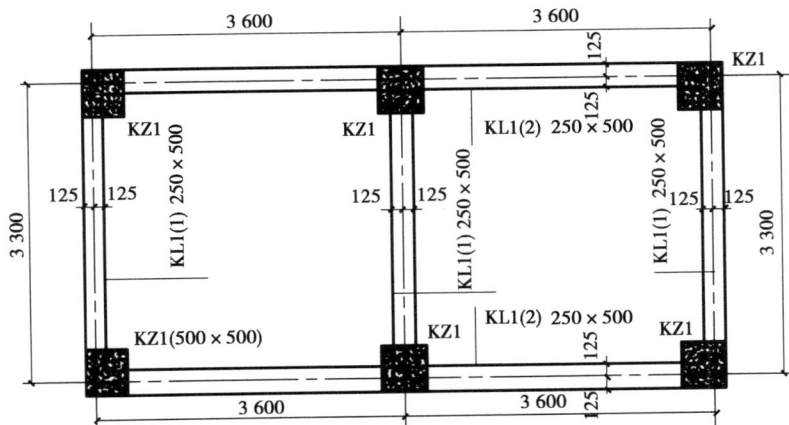

图 2　计算题 2 图

根据当地预算定额规定,完成以下工程量计算:(结果保留两位小数)

(1)请计算矩形柱模板工程量。

(2)请计算有梁板模板工程量。

3.某工程平面示意图如图 3 所示。A 区 21 层,1~5 层层高均为 4.5 m,6~21 层层高均为 3.6 m;B 区 5 层,层高均为 4.5 m;C 区 25 层,1~5 层层高均为 4.5 m,6~25 层层高均为 3.6 m。

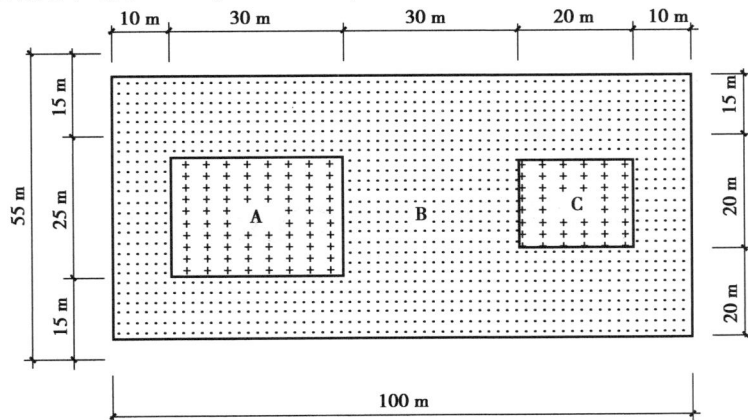

图 3　建筑物平面示意图

根据当地预算定额规定,完成以下工程量计算:(结果保留两位小数)

(1)请计算综合脚手架工程量。

(2)请计算垂直运输工程量。

(3)请计算超高施工增加工程量。

第三部分　工程造价计算

第五章　工程造价计算

【练习目标】
(1)熟悉工程计价方法;
(2)掌握施工图预算编制步骤和方法;
(3)熟悉当地施工图预算编制的相关规定;
(4)能根据地方计价依据编制施工图预算。

一、单选题(选择最符合题意的答案)

1.工程计价的基本原理可以表述为( )。

A.分部分项工程费 $=\sum$〔基本构造单位工程量(定额项目)×工料单价〕

B.分部分项工程费 $=\sum$〔基本构造单位工程量(清单项目)×综合单价〕

C.分部分项工程费 $=\sum$〔基本构造单位工程量(定额项目或清单项目)×工料单价〕

D.分部分项工程费 $=\sum$〔基本构造单位工程量(定额项目或清单项目)×相应单价〕

2.工程造价的计价可以分为( )两个环节。

　A.工程计量和工程计价　　　　　　　　B.项目划分和项目计价

　C.工程计量和定额套用　　　　　　　　D.列项和工程计价

3.基本构造单元是指将单位工程划分为( )。

　A.单项工程　　　　　B.建设项目　　　　C.分部工程　　　　　D.分项工程

4.编制工程概预算时,单位工程基本构造单位是按照( )划分。

　A.工程定额　　　　B.计价规范　　　　C.计量规范　　　　D.设计图纸

5.编制工程量清单时,单位工程基本构造单位是按照( )划分。

　A.工程定额　　　　B.计价规范　　　　C.计量规范　　　　D.设计图纸

6.编制概预算时,工程量计算执行( )的工程量计算规则。

　A.工程定额　　　　B.计价规范　　　　C.计量规范　　　　D.设计图纸

7.编制工程量清单时,工程量计算执行(　　　)的工程量计算规则。

    A.工程定额　　　　　　B.计价规范　　　　　　C.计量规范　　　　　　D.设计图纸

8.工程计价包括(　　　)的计算。

    A.工程单价和总价　　　　　　　　　　B.工程单价和费率

    C.单价和费用　　　　　　　　　　　　D.单价和合计

9.本省(自治区、直辖市)定额的普工人工单价为(　　　)元/工日。

    A.90　　　　　　　　　B.120　　　　　　　　C.150　　　　　　　　D.180

10.当前建筑业销项增值税税率为(　　　)。

    A.9%　　　　　　　　　B.10%　　　　　　　　C.11%　　　　　　　　D.13%

二、多选题(多选、错选不得分)

1.三级预算是指(　　　)。

    A.建设项目施工图总预算　　　　　　B.单项工程综合预算

    C.单位工程施工图预算　　　　　　　D.分部工程施工图预算

    E.分项工程施工图预算

2.二级预算是指(　　　)。

    A.建设项目施工图总预算　　　　　　B.单项工程综合预算

    C.单位工程施工图预算　　　　　　　D.分部工程施工图预算

    E.分项工程施工图预算

3.单位工程预算编制的两种主要方法是(　　　)。

    A.单价法　　　　　　B.实物量法　　　　　　C.工料单价法　　　　　　D.综合单价法

    E.预算单价法

4.我国的工程单价包括(　　　)两种形式。

    A.工料单价　　　　　　B.工料机单价　　　　　　C.综合单价　　　　　　D.定额单价

    E.预算单价

5.工料单价包括的内容是(　　　)。

    A.人工费　　　　　　B.材料和工程设备费　　　　　　C.施工机具使用费

    D.企业管理费　　　　　　E.利润

6.我国现行的综合单价包括(　　　)。

    A.人工费　　　　　　B.材料和工程设备费　　　　　　C.施工机具使用费　　　　　　D.企业管理费

    E.利润　　　　　　F.规费　　　　　　G.税金

7.以下关于本省(自治区、直辖市)定额中人工费的说法正确的是(　　　)。

    A.人工费是指支付给生产工人的各项费用

    B.人工费是指支付给生产工人、管理人员的各项费用

    C.人工费中不含进项税

    D.人工费中包含有进项税

    E.编制施工图预算,人工费按工程造价管理部门发布的人工费调整文件进行调整

    F.调整后的人工费进入综合单价,但不作为计取其他费用的基础

8.以下关于本省(自治区、直辖市)定额中材料费的说法正确的是(　　　)。

    A.材料费是指施工过程中耗费的原材料、辅助材料、构配件、零件、半成品或成品、工程设备的费用

B.材料单价＝［（材料原价＋运杂费）×（1＋运输损耗率（％））］×［1＋采购保管费率（％）］

C.材料费按照不含税的材料原价、运杂费、运输损耗及采购保管费计算

D.现行定额的材料单价中含有进项税,应按照有关规定予以调整

E.现行定额的材料单价为不含税价格

F.编制施工图预算,材料单价依据工程造价管理部门发布的工程造价信息确定

9.以下关于本省（自治区、直辖市）定额中机具费的说法正确的是（　　　）。

A.现行定额中机具费不含进项税

B.现行定额中机具费包含进项税

C.注明了油耗的项目,油价变化时,机具费中的燃料动力费应予以调整

D.除了燃料动力费,其他机具费都一律不得调整

E.除了燃料动力费,其他机具费的调整由省（自治区、直辖市）主管部门统一规定

10.以下关于本省（自治区、直辖市）定额的说法正确的是（　　　）。

A.综合费不予调整　　　　　　　　　B.安全文明施工费可以竞争

C.规费不得竞争　　　　　　　　　　D.税金不得竞争

E.招标或投标,材料费均按工程造价管理部门发布的工程造价信息确定

11.根据本省（自治区、直辖市）定额,以下关于安全文明施工费计算描述正确的是（　　　）。

A.编制施工图预算、最高投标限价或标底时应足额计取

B.编制施工图预算、最高投标限价或标底时应按照基本费率计取

C.投标报价时,应按招标人在招标文件中公布的安全文明施工费金额计取

D.竣工结算时,按“建设工程安全文明施工费措施评价及费率测定表”测定的费率办理

E.竣工结算时,未向安全文明施工费费率测定机构申请测定费率的,只能按照基本费率计取

12.根据本省（自治区、直辖市）定额,以下说法正确的是（　　　）。

A.编制施工图预算、最高投标限价或标底时,暂列金额可按分部分项工程费和措施项目费的 10%～15% 计取

B.编制施工图预算、最高投标限价或标底时,暂列金额可按分部分项工程费和单价措施项目费的 10%～15% 计取

C.编制施工图预算、最高投标限价或标底时,规费按照最高档计列

D.编制施工图预算、最高投标限价或标底时,规费按照最低档计列

E.投标报价时,规费按照招标人在招标文件中公布的最高投标限价的规费金额计列

三、判断题（正确的打“√”,错误的打“×”）

1.本省（自治区、直辖市）定额的消耗量标准,反映的是本省（自治区、直辖市）的社会先进消耗量水平。　　　　　　　　　　　　　　　　　　　　　　　　　　　　（　　　）

2.材料费中的工程设备是指构成或计划构成永久工程一部分的机电设备、金属结构设备、仪器装置及其他类似的设备和装置。　　　　　　　　　　　　　　　　　　（　　　）

3.施工机具使用费是指施工作业所发生的施工机械使用费。　　　　　　（　　　）

4.本省（自治区、直辖市）安全文明施工费率与工程所在地没有关系。　　（　　　）

5.编制施工图预算、最高投标限价时,必须全部计算定额中列出的所有总价措施项目费。

（　　）

6.根据《建设项目施工图预算编审规程》（CECA/GC—2010）,建设项目施工图预算的编制应由专业资格的单位和造价专业人员完成。（　　）

7.单位工程预算是依据单位工程施工图设计文件、现行预算定额以及人工、材料和施工机械台班价格等,按照规定的计价方法编制的工程造价文件。（　　）

8.建设项目施工图预算是施工图设计阶段合理确定和有效控制工程造价的重要依据。

（　　）

9.建筑工程施工图预算按其工程性质分为一般土建工程预算、建筑安装工程预算、构筑物工程预算等。（　　）

10.安装工程预算按其工程性质分为机械设备安装工程预算、电气设备安装工程预算、工业管道安装工程预算和热力设备安装工程预算等。（　　）

11.施工图预算必须采用三级预算编制。（　　）

12.建设项目总投资包含建筑工程费、设备及工器具购置费、安装工程费、工程建设其他费用、预备费、建设期贷款利息、固定资产投资方向调节税及铺地流动资金。（　　）

13.建设项目工程造价是建设项目总投资中的固定资产投资的总额,包括建筑工程费、设备及工器具购置费、安装工程费、工程建设其他费用、预备费用、建设期贷款利息与固定资产投资方向调节税。（　　）

四、思考题

1.收集本省（自治区、直辖市）的计价规定。

2.至少收集一个外省的计价规定,与本省（自治区、直辖市）的计价规定进行对比分析。

3.结合本省（自治区、直辖市）的定额特点,根据现行计价规定,思考采取什么单价形式编制施工图预算更方便、更合理。

五、操作题

1.费用计算

某办公楼工程位于××市××县,建筑与装饰工程的分部分项工程费为 600 万元,其中定额人工费为 80 万元,调整后的人工费为 120 万元,定额机械费为 5 万元,调整后的机械费为 6 万元;单价措施项目费为 80 万元,单价措施项目定额人工费为 6 万元,单价措施调整后的人工费为 9 万元,定额机械费为 2 万元,调整后的机械费为 2.5 万元。以上数额均未含税。该企业根据相关规定,采取一般计税法,销项增值税税率为 9%。

要求:根据当地预算定额和现行计价规定,并根据上述内容计算该办公楼工程（建筑与装饰工程）的施工图预算造价（包括各项费用小计和造价合计）,写出计算式,其中总价措施项目只需要计算安全文明施工费,其他项目费只计算暂列金额（费率取 10%）。（结果保留两位小数）

单位工程施工图预算汇总表

工程名称：　　　　　　　　　　　　　　　　　　　　　　　　　　　第　页　共　页

序号	汇总内容	金额/万元	计算式
1	分部分项工程费		
	其中:定额人工费		
	定额机械费		
2	措施项目费		
2.1	单价措施项目费		
	其中:定额人工费		
	定额机械费		
2.2	总价措施项目费		
	其中:安全文明施工费		
3	其他项目费		
	其中:暂列金额		
4	规费		
5	税前工程造价		
6	销项增值税		
7	附加税		
	单位施工图预算合计		

2.单位工程预算的编制

某办公楼位于××市区,根据施工现场实际情况,结合拟建工程合理的施工组织设计,挖土满足回填要求,回填后再余土外运,计算部分工程量见"分部分项工程和单价措施项目工程量汇总表",总价措施项目考虑安全文明施工费、夜间施工费、工程定位复测费,其他项目只考虑暂列金额。

分部分项工程和单价措施项目工程量汇总表

序号	项目名称	计量单位	工程量
	A 土石方工程		
1	机械挖土方(现场堆放 1 km 内)	m³	360
2	回填土	m³	200
3	机械运土方(总运距 10 km)	m³	160
	E 混凝土及钢筋混凝土工程		
4	C10 商品混凝土垫层	m³	20
5	C30 商品混凝土基础	m³	140
	S 措施项目		
6	基础垫层复合模板及支架	m²	18
7	满堂基础复合模板及支架	m²	72

要求:模拟某咨询公司接受建设单位委托,根据当地预算定额编制该工程的施工图预算。

(1)根据工程所在地预算定额、工程造价管理部门发布的工程造价信息和计价规定确定综合单价。

(2)将分部分项工程项目的综合单价填入"分部分项工程项目工程量与计价表",分部小计并汇总。

(3)将单价措施项目的综合单价填入"单价措施项目工程量与计价表",分部小计并汇总。

(4)计算总价措施项目费(至少考虑安全文明施工费和工程定位复测费)。

(5)计算其他项目费(至少考虑暂列金额项目)。

(6)计算规费;

(7)单位工程预算造价汇总;

(8)填写编制说明及封面;

(9)复核并装订。

相关表格如下:

分部分项工程项目工程量与计价表

工程名称:　　　　　　　　　　　　　　　　　　　　　　　　　　　　　第　页　共　页

序号	项目编码	项目名称	计量单位	工程量	金额/元				
					综合单价	合价	其中		
							定额人工费	定额机械费	暂估价
本页小计									
合计									

单价措施项目工程量与计价表

工程名称：第　页　共　页

序号	项目编码	项目名称	计量单位	工程量	金额/元				
					综合单价	合价	其中		
							定额人工费	定额机械费	暂估价
			本页小计						
			合计						

综合单价分析表

工程名称：

第 页 共 页

项目编码		项目名称							计量单位		工程量	

综合单价组成明细

定额编号	定额项目名称	定额单位	数量	单价/元							合价/元						
				定额人工费	人工费	材料费	定额机械费	机械费	管理费	利润	定额人工费	人工费	材料费	定额机械费	机械费	管理费	利润
小　计																	
综合单价（人工费+材料费+机械费+管理费+利润）																	

材料费明细	主要材料名称、规格、型号	单位	数量	单价/元	合价/元	暂估单价/元	暂估合价/元

注：①因为有些省（自治区、直辖市）将定额人工费、定额机械费作为取费基础，所以练习表格中增设了相应栏目。

②建设单位要求暂估价的材料可按当前工程造价信息价暂估，填入表内"暂估单价"栏及"暂估合价"栏。

③该表格参考工程量清单单价计价方式中综合单价分析表设计，实际工作时按照当地规定的表格填写。

综合单价分析表

工程名称：

| 项目编码 | | 项目名称 | | 计量单位 | | 工程量 | | 第 页 共 页 |

综合单价组成明细

定额编号	定额项目名称	定额单位	数量	单价/元					合价/元				
				定额人工费	人工费	材料费	定额机械费	机械费	管理费	利润	定额人工费	人工费	材料费	定额机械费	机械费	管理费	利润

小 计

综合单价（人工费+材料费+机械费+管理费+利润）

材料费明细	主要材料名称、规格、型号	单位	数量	单价/元	合价/元	暂估单价/元	暂估合价/元

注：①因为有些省（自治区、直辖市）将定额人工费、定额机械费作为取费基础，所以练习表格中增设了相应栏目。
②建设单位要求暂估价的材料可按当前工程造价信息价暂估，填入表内"暂估单价"栏及"暂估合价"栏。
③该表格参考工程量清单综合单价计价方式中综合单价分析表设计，实际工作时按照当地规定的表格填写。

综合单价分析表

工程名称：

项目编码		项目名称		计量单位		工程量	

综合单价组成明细

定额编号	定额项目名称	定额单位	数量	单价/元				合价/元			
				人工费	材料费	机械费	管理费利润	定额人工费	材料费	定额机械费	管理费利润

小　计

人工单价

综合单价（人工费+材料费+机械费+管理费+利润）

材料费明细

主要材料名称、规格、型号	单位	数量	单价/元	合价/元	暂估单价/元	暂估合价/元

注：①因为有些省（自治区、直辖市）将定额人工费、定额机械费作为取费基础，所以练习表格中增设了相应栏目。
②建设单位要求暂估单价的材料可按当前工程造价信息价暂估，填入表内"暂估单价"栏及"暂估合价"栏。
③该表格参考工程量清单计价方式中综合单价分析表设计，实际工作时按照当地规定的表格填写。

综合单价分析表

工程名称：

第 页 共 页

项目编码		项目名称		计量单位		工程量	

综合单价组成明细

定额编号	定额项目名称	定额单位	数量	单价/元							合价/元						
				定额人工费	人工费	材料费	定额机械费	机械费	管理费	利润	定额人工费	人工费	材料费	定额机械费	机械费	管理费	利润
小 计																	
综合单价（人工费＋材料费＋机械费＋管理费＋利润）																	

材料费明细	主要材料名称、规格、型号	单位	数量	单价/元	合价/元	暂估单价/元	暂估合价/元

注：①因为有些省（自治区、直辖市）将定额人工费、定额机械费作为取费基础，所以练习表格中增设了相应栏目。

②建设单位要求暂估单价的材料可按当前工程造价信息价暂估，填入表内"暂估单价"栏及"暂估合价"栏。

③该表格参考工程量清单综合单价计价方式中综合单价分析表设计，实际工作时按照当地规定的表格填写。

综合单价分析表

工程名称：

第　页　共　页

| 项目编码 | | 项目名称 | | 计量单位 | | 工程量 | |

综合单价组成明细

定额编号	定额项目名称	定额单位	数量	单价/元					合价/元				
				定额人工费	人工费	材料费	定额机械费	管理费 利润	定额人工费	人工费	材料费	定额机械费	管理费 利润

小　计

综合单价（人工费＋材料费＋机械费＋管理费＋利润）

材料费明细	主要材料名称、规格、型号	单位	数量	单价/元	合价/元	暂估单价/元	暂估合价/元

注：①因为有些省（自治区、直辖市）将定额人工费、定额机械费作为取费基础，所以练习表格中增设了相应栏目。
②建设单位要求暂估价的材料可按当前工程造价信息价暂估，填入表内"暂估单价"栏及"暂估合价"栏。
③该表格参考工程量清单计价方式中综合单价分析表设计，实际工作时按照当地规定的表格填写。

工程名称：

综合单价分析表

第 页 共 页

项目编码		项目名称		计量单位		工程量	

综合单价组成明细

定额编号	定额项目名称	定额单位	数量	单价/元					合价/元				
				定额人工费	人工费	材料费	定额机械费	机械费	管理费	利润	定额人工费	人工费	材料费	定额机械费	机械费	管理费	利润

| 小 计 | | | | | | |
| 综合单价（人工费+材料费+机械费+管理费+利润） | | | | | | |

材料费明细	主要材料名称、规格、型号	单位	数量	单价/元	合价/元	暂估单价/元	暂估合价/元

注：①因为有些省（自治区、直辖市）将定额人工费、定额机械费作为取费基础，所以练习表格中增设了相应栏目。
②建设单位要求暂估单价的材料可按当前工程造价信息暂估，填入表内"暂估单价"栏及"暂估合价"栏。
③该表格参考工程量清单计价方式中综合单价分析表设计，实际工作时按照当地规定的表格填写。

综合单价分析表

工程名称：　　　　　　　　　　　　　　　　　　　　　　　　　　　　　　　　　第 页 共 页

项目编码		项目名称		计量单位		工程量	

综合单价组成明细

定额编号	定额项目名称	定额单位	数量	单价/元					合价/元				
				定额人工费	人工费	材料费	定额机械费	管理费 利润	定额人工费	人工费	材料费	定额机械费	管理费 利润
小 计													
综合单价（人工费+材料费+机械费+管理费+利润）													

材料费明细	主要材料名称、规格、型号	单位	数量	单价/元	合价/元	暂估单价/元	暂估合价/元

注：①因为有些省（自治区、直辖市）将定额人工费、定额机械费作为取费基础，所以练习表格中增设了相应栏目。
②建设单位要求暂估价的材料可按当前工程造价信息息价暂估，填入表内"暂估单价"栏及"暂估合价"栏。
③该表格参考工程量清单计价方式中综合单价分析表设计，实际工作时按照当地规定的表格填写。

总价措施项目与计价汇总表

工程名称：   第 页 共 页

序号	项目编码	项目名称	计算基础	费率	金额/元
合 计					

其他项目与计价汇总表

工程名称：   第 页 共 页

序号	项目名称	金额/元	结算金额/元	备注
1	暂列金额			详见明细表
2	暂估价			
2.1	材料(工程设备)暂估价/结算价	—		详见明细表
2.2	专业工程暂估价/结算价			详见明细表
3	计日工			详见明细表
4	总承包服务费			详见明细表
合 计				

注:材料(工程设备)暂估价进入综合单价,此处不汇总。

暂列金额明细表

工程名称：   第 页 共 页

序号	项目名称	计量单位	暂列金额/元	备注
1				
2				
合 计				

注:此表如不能详列,也可只列暂列金额总额。

规费、税金项目计价表

工程名称：　　　　　　　　　　　　　　　　　　　　　　　　　　第　页　共　页

序号	项目名称	计算基础	计算基数	计算费率/%	金额/元
1	规费				
2	销项增值税				
3	附加税				
合　计					

单位工程预算造价汇总表

工程名称：　　　　　　　　　　　　　　　　　　　　　　　　　　第　页　共　页

序号	汇总内容	金额/元	其中:暂估价/元
1	分部分项及单价措施项目		
1.1			
1.2			
1.3			
2	总价措施项目		—
2.1	其中:安全文明施工费		—
3	其他项目		—
3.1	其中:暂列金额		—
3.2	其中:专业工程暂估价		—
3.3	其中:计日工		—
3.4	其中:总承包服务费		—
4	规费		—
5	创优质工程奖补偿奖励费		—
6	税前工程造价		—
7	销项增值税额		—
8	附加税		
单位施工图预算造价合计＝税前工程造价+销项增值税额			

说　明

工程名称：

_____工程

施工图预算

施工图预算价(小写):_____

(大写):_____

招　标　人:_____　　　　造价咨询人:_____

(单位盖章)　　　　　　　　　　　　　(单位法人章)

法定代表人　　　　　　　　　　　　　法定代表人

或其授权人:_____　　　　或其授权人:_____

(签字或盖章)　　　　　　　　　　　(签字或盖章)

编　制　人:_____　　　　复　核　人:_____

(造价人员签字盖专用章)　　　　　　(造价工程师签字盖专用章)

编制时间:　　年　　月　　日　　　　复核时间:　　年　　月　　日

模拟试卷

请根据当地预算定额,采取闭卷方式在100分钟内完成以下内容。

一、单选题(选出一个正确答案)(本大题共15小题,每小题1分,总计15分)

1.下面关于编制施工图预算的描述不正确的是( )。

    A.人工费按工程造价管理部门发布的人工费调整文件进行调整

    B.依据工程造价管理部门发布的工程造价信息确定材料价格并调整材料费

    C.不得调整机械费

    D.企业管理费和利润由省(自治区、直辖市)建设工程造价管理总站根据实际情况进行统一调整

2.平整场地是指建筑物场地厚度( )的挖、填、运、找平。

    A.≤±200 mm   B.≤±300 mm   C.≥±200 mm   D.≥±300 mm

3.以下关于土石方工程描述正确的是( )。

    A.厚度≤30 cm 的竖向布置挖土应按挖土方项目计算

    B.按竖向布置进行挖填土方时不得再计算平整场地的工程量

    C.土方大开挖时要计算平整场地的工程量

    D.土方大开挖时应按照干湿土分开计算工程量

4.某工程交付施工场地标高为-0.35 m,基础垫层顶标高为-1.6 m,垫层厚 100 mm,该基础土方挖土深度为( )m。

    A.1.25   B.1.35   C.1.7   D.1.4

5.某6层厂房工程设有一室外楼梯(不上人屋面),楼梯外围水平投影尺寸为 9 000 mm×3 600 mm,则该室外楼梯的建筑面积为( )m²。

    A.97.2   B.81.00   C.194.4   D.162.00

6.某附墙有柱雨篷,柱外围水平尺寸为 3.40 m×2.00 m,结构板伸出外墙结构外边的水平尺寸为 6.50 m×2.20 m,该雨篷的建筑面积为( )m²。

    A.7.15   B.3.4   C.14.30   D.6.8

7.某6层住宅结构的外围水平面积每层为 500 m²,挑阳台结构底板的水平投影面积之和为 200 m²,则该工程的建筑面积为( )m²。

    A.700   B.3 100   C.3 200   D.3 300

8.1/4 标准砖墙体的计算厚度为( )。

    A.60 mm   B.56 mm   C.63 mm   D.53 mm

9.砖基础与砖墙用不同材料施工,位于设计室内地坪( )时,以不同材料为界。

    A.≥±300 mm   B.≤±300 mm   C.≥±200 mm   D.≤±200 mm

10.混凝土垫层用于槽坑且厚度在( )以内者为基础垫层,否则算作基础。

    A.300 mm   B.350 mm   C.400 mm   D.450 mm

11.以下对金属门窗工程量计算规则描述不正确的是(　　)。

　　A.铝合金门窗按设计门窗洞口面积以"m²"计算

　　B.彩板组角门附框安装按"延长米"计算

　　C.金属飘窗按展开面积计算

　　D.金属纱门窗按设计门窗洞口面积以"m²"计算

12.以下对防水、防潮层描述正确的是(　　)。

　　A.防水层、防潮层项目内未包括搭接用量,发生时按实计算

　　B.防水层、防潮层项目内包含附加层用量,不需要单独计算

　　C.防水层找平及嵌缝包括在项目内,不应另行计算

　　D.屋面刚性层的找平及嵌缝未包括在项目内,应另行计算

13.以下对保温、隔热工程量计算规则描述正确的是(　　)。

　　A.聚苯乙烯泡沫塑料板的梁保温按设计图示尺寸以"m²"计算

　　B.墙、柱保温装饰板按设计图示尺寸以体积计算

　　C.墙保温装饰板应扣门窗洞口以及面积>0.5 m²孔洞所占面积

　　D.墙保温装饰板、门窗洞口侧壁以及与墙相连的柱并入保温墙体工程量内

14.以下对大型机械进场费描述不正确的是(　　)。

　　A.大型机械进场费定额是按≤30 km编制的

　　B.进场或出场全程超过30 km者,大型机械进出场的台班数量按实计算

　　C.施工机械需要回库维修,要计算大型机械进出场费

　　D.大型机械进出场定额中未包括过路费、过桥费等,若发生按实计算

15.以下对综合脚手架计算规则描述不正确的是(　　)。

　　A.凡能够按"建筑面积计算规则"计算建筑面积的建筑工程,均按综合脚手架定额项目计算脚手架摊销费

　　B.综合脚手架已综合考虑了砌筑、浇筑、吊装、抹灰、油漆、涂料等脚手架费用

　　C.连同土建一起施工的装饰工程,装饰工程使用土建的外墙脚手架时,外墙装饰(以单项脚手架计取脚手架摊销费除外)按外脚手架项目乘以系数40%

　　D.檐口高度系指檐口滴水高度,平屋顶系指屋面板顶高度,凸出屋面的电梯间、水箱间不计算檐高

二、多选题(在每个小题5个备选答案中选出正确答案)(本大题共10小题,每小题2分,总计20分)

1.当地预算定额是(　　)。

　　A.编审建设工程设计概算、施工图预算的依据

　　B.编审最高投标限价的依据

　　C.调解处理工程造价纠纷的依据

　　D.鉴定及控制工程造价的依据

　　E.投标报价的依据

2.对当地预算定额描述正确的是(　　　)。

 A.定额基价包括人工费、材料和工程设备费、施工机具使用费、企业管理费、利润

 B.定额基价包括人工费、材料和工程设备费、施工机具使用费

 C.编制施工图预算时,人工费按工程造价管理部门发布的人工费调整文件进行调整

 D.编制施工图预算时,材料费依据工程造价管理部门发布的工程造价信息确定材料价格并调整材料费,信息价没有发布的,参照市场价格确定并调整材料费。

 E.编制施工图预算时,施工机具使用费不得调整

3.对当地预算定额描述正确的是(　　　)。

 A.定额中的混凝土和砂浆强度等级,如设计要求与定额不同时,允许按照定额附录换算,但各配合比的材料用量不得调整

 B.现场搅拌混凝土按特细砂编制

 C.现场搅拌砂浆按(特)细砂编制

 D.现浇混凝土构件按现场搅拌非泵送编制

 E.商品混凝土以成品基价(未含泵送费)编制

4.砖、石基础长度计算正确的是(　　　)。

 A.外墙墙基按外墙外边线计算　　　　　　B.外墙墙基按外墙中心线计算

 C.内墙墙基按内墙中心线计算　　　　　　D.内墙墙基按内墙净长线计算

 E.内外墙基均按中心线计算

5.砖石基础工程量计算中要扣除嵌入基础的(　　　)的体积。

 A.圈梁　　　　　　　B.构造柱　　　　　　C.防潮层　　　　　　D.单个>0.3 m^2 的孔洞

 E.地梁

6.以下对现浇混凝土板计算规则描述正确的是(　　　)。

 A.混凝土板的工程量按设计图示尺寸以"m^3"计算

 B.混凝土板应扣除混凝土柱所占体积

 C.混凝土板不扣除铁件和单个面积≤0.5 m^2 的螺栓盒等所占体积

 D.混凝土板不扣除单个孔洞面积≤0.3 m^2 所占混凝土体积

 E.无梁板按板和柱帽体积之和计算

7.以下对现浇楼梯描述正确的是(　　　)。

 A.整体楼梯包含楼层板连接梁、斜梁

 B.整体楼梯包含休息平台板、平台梁

 C.超过500 mm 宽度的楼梯井应扣除

 D.现浇楼层板无楼梯梁连接时,以楼梯的最后一个踏步为界

 E.整体楼梯分层按照水平投影面积计算

8.以下对金属门窗描述不正确的是(　　　)。

 A.空腹钢门、钢窗均按钢门窗定额计算

 B.门窗定额内已包括预埋铁件、水泥脚和玻璃卡以及水泥砂浆或混凝土嵌缝的工料

 C.金属门窗定额项目包括所有五金

D.钢百叶窗按塑钢百叶窗定额项目执行,人工乘以系数 0.9

E.金属门窗定额项目包括门锁

9.以下关于屋面卷材、涂膜防水描述正确的是( )。

A.斜屋顶按水平投影面积计算

B.斜屋顶按照斜面积计算

C.女儿墙和缝弯起部分应按图示尺寸计算,无则按 300 mm 计算

D.天窗弯起部分应按图示尺寸计算,无则按 300 mm 计算

E.不扣除房上烟囱、风帽底座、风道、屋面小气窗和斜沟所占面积

10.以下对现浇混凝土模板及支架工程描述正确的是( )。

A.现浇混凝土及钢筋混凝土模板工程量,按混凝土与模板接触面面积以"m²"计算

B.现浇混凝土构件模板工程量的分界规则与现浇混凝土构件工程量的分界规则一致

C.构造柱外露面均应按图示外露部分计算,带马牙槎构造柱的宽度按马牙槎处的折算宽度计算

D.柱与梁、柱与墙、梁与梁等连接重叠部分以及伸入墙内的梁头、板头与砖接触部分,均不计算模板面积

E.现浇混凝土梁、板、柱、墙,支模高度是按净高≤3.9 m 编制的

三、判断题(正确的打"√",错误的打"×") (本大题共 15 小题,每小题 1 分,总计 15 分)

1.机械挖土方包括挖土、弃土于 5 m 以内、清理机下余土。　　　( )

2.人工挖零星土方适用于机械大开挖后由另一家单位人工捡底及竖向布置挖方量≤50 m³的挖土。　　　( )

3.室内回填土的体积按照墙间净面积乘以回填厚度计算。　　　( )

4.挖土石方定额项目均包括地下水位以下施工的排水费用。　　　( )

5.同土建一起施工的装饰工程,其垂直运输机械费不再单独计算。　　　( )

6.在混凝土与钢筋混凝土分部中,商品混凝土垫层项目适用于基础垫层和楼地面垫层。　　　( )

7.剪力墙间(含短肢剪力墙间)、框架结构间和预制柱间砌砖墙、砌块墙按相应人工乘以系数 1.25。　　　( )

8.灰土、三合土、矿渣垫层的定额项目在混凝土及钢筋混凝土工程分部。　　　( )

9.金属门窗包括普通五金,不包括门锁。　　　( )

10.楼地面防水翻边高度大于 300 mm 时,按墙面防水计算。　　　( )

11.楼地面整体面层包括楼梯,定额中均未包括踢脚线工料,要单列计算。　　　( )

12.墙柱面设计抹灰厚度与定额不同时,按相应立面砂浆找平层每增减一遍的项目调整。　　　( )

13.块料楼地面装饰面积按照实铺面积计算,不扣除单个面积≤0.3 m² 的孔洞、门洞、柱所占面积。　　　( )

14.门窗洞口和空圈侧壁、顶面抹灰按照零星抹灰列项并计算工程量。　　　( )

15.定额中的块料墙柱面结合层砂浆厚度为 8 mm。　　　( )

四、工程量计算(本大题共 40 分)

1.某基础平面图及剖面图如图 1 所示。垫层底标高 $H_0 = -2.100$ m,室外地坪标高为 -0.300 m,要放坡,放坡系数为 0.33,每边工作面按 300 mm 计算。请计算以下工程量:(每小题 4 分,共 16 分)

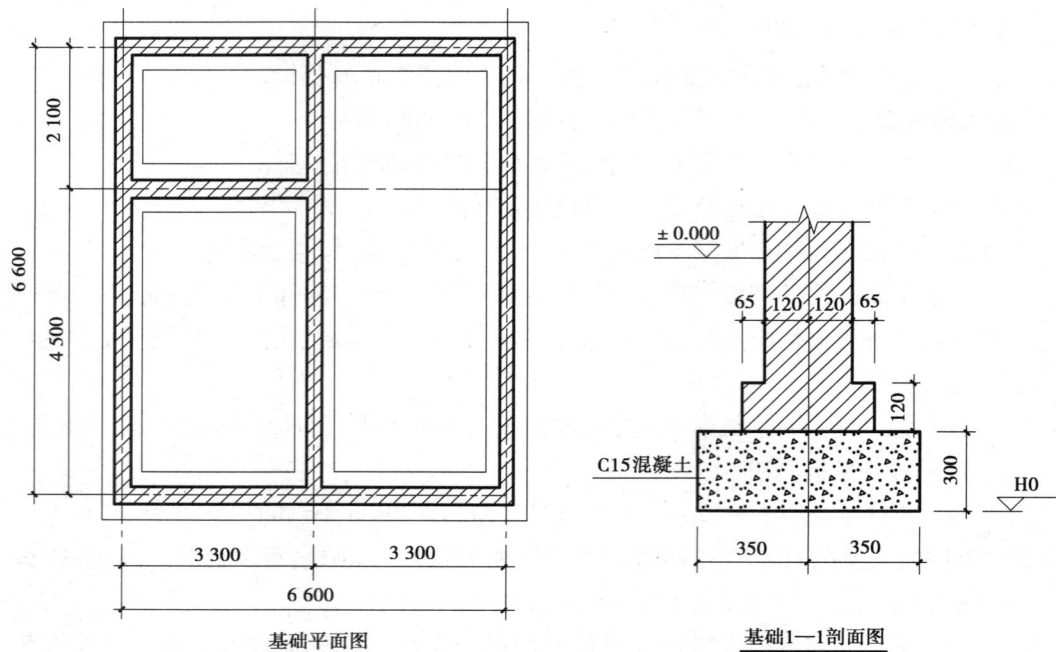

图 1 某基础平面图及剖面图

(1)挖沟槽土方工程量。

(2)C15 混凝土基础垫层工程量。

(3)+0.000 以下砖基础工程量。

(4)垫层模板及支架工程量。

2.某工程有十字形构造柱 6 个,墙均为一砖墙,高度均为 3.6m,构造柱节点图如图 2 所示。请计算以下工程量:(每小题 2 分,共 4 分)

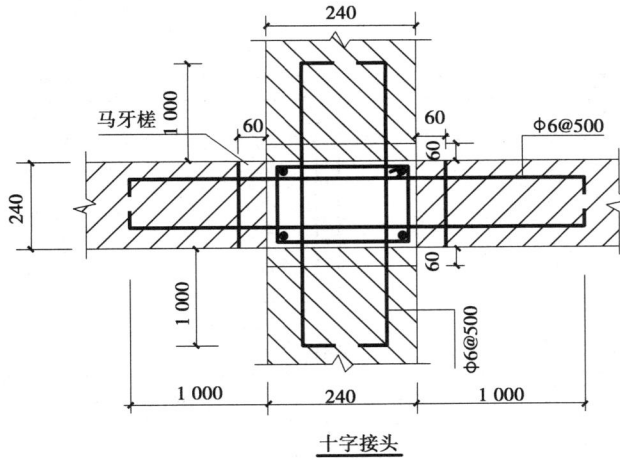

图 2　构造柱节点详图

(1)构造柱混凝土工程量。

(2)构造柱模板及支架工程量。

3.某有梁板平面图如图 3 所示,柱高 3.00 m,板厚 100 mm,梁均按照轴线居中设置。请计算以下工程量:(每小题 4 分,共 16 分)

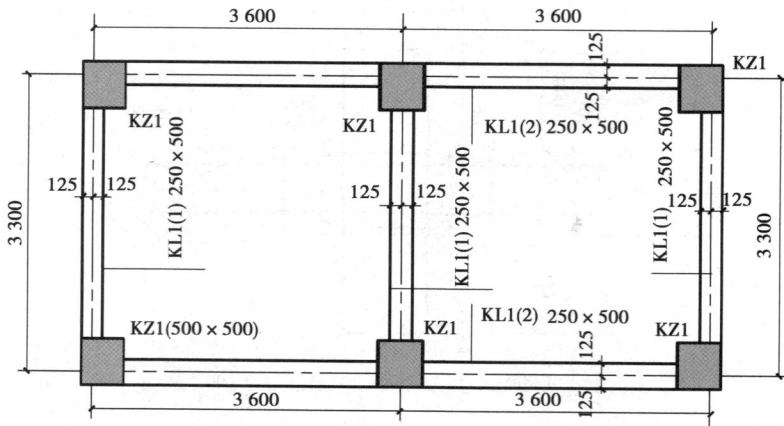

图 3　某有梁板平面图

(1)矩形柱混凝土工程量。

(2)矩形柱模板及支架工程量。

(3)有梁板梁混凝土工程量。

(4)有梁板模板及支架工程量。

4.某矩形柱有12根,其剖面图如图4所示,柱按4.2 m计算。请计算以下工程量:(每小题2分,共4分)

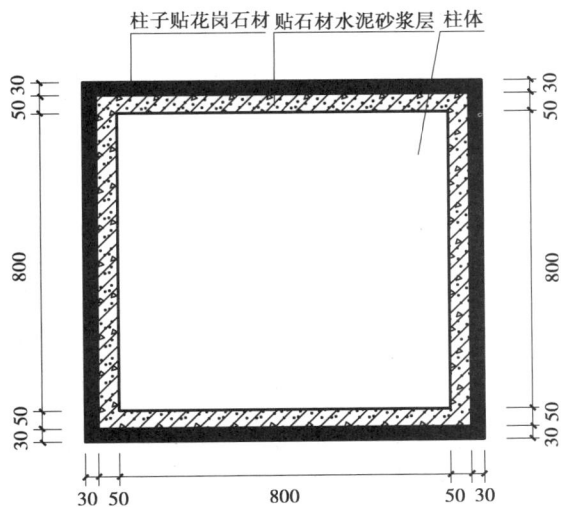

图4 某矩形柱剖面图

(1)柱砂浆抹灰工程量。

(2)柱花岗石镶贴工程量。

五、费用计算(本大题共 10 分,每空 0.5 分)

某办公楼工程位于××市市区,由某建筑公司(房屋建筑工程施工总承包一级资质)承建,建筑与装饰工程的分部分项工程费为 900 万元,其中定额人工费为 120 万元,调整后的人工费为 130 万元,定额机械费为 6 万元,调整后的机械费为 7 万元;单价措施项目费为 90 万元,单价措施项目定额人工费为 8 万元,调整后的人工费为 8.7 万元,定额机械费为 4 万元,调整后的机械费为 4.7 万元。以上数额均未包括进项增值税。

1.该企业根据相关规定,采取一般计税方法,销项增值税按税率 9% 计算,综合附加税税率见"综合附加税税率表"。

综合附加税税率表

项目名称	计算基础	综合附加税税率
附加税(城市维护建设税、教育费附加、地方教育附加)	税前不含税工程造价	①工程在市区时为 0.313%; ②工程在县城镇时为 0.261%; ③工程不在县城镇时为 0.157%

2.安全文明施工费的基本费率见"安全文明施工费基本费费率表"。

安全文明施工费基本费费率表

安全文明施工费(含环境保护、文明施工、安全施工和临时设施)	取费基础	基本费率 (一般计税法)	基本费率 (简易计税法)
房屋建筑与装饰工程	分部分项工程及单价措施项目(定额人工费+定额机械费)	9.8%	10.19%

3.要考虑夜间施工、二次搬运、冬雨季施工、工程定位复测费,费率见"其他总价措施项目计取标准"。

其他总价措施项目计取标准

序号	项目名称	计算基础	一般计税法	简易计税法
			费率/%	
1	夜间施工	分部分项工程及单价措施项目(定额人工费+定额机械费)	0.48	0.49
2	二次搬运		0.23	0.24
3	冬雨季施工		0.36	0.37
4	工程定位复测		0.09	0.10

4.规费(已经包括社会保险费、住房公积金等内容)费率见"规费费率计取表"。

规费费率计取表

序号	取费类别	企业资质	计取基础	规费费率
1	Ⅰ档	房屋建筑工程施工总承包特级 市政公用工程施工总承包特级	分部分项工程及单价措施项目定额人工费	9.34%
2	Ⅱ档	房屋建筑工程施工总承包一级 市政公用工程施工总承包一级		8.36%
3	Ⅲ档	房屋建筑工程施工总承包二、三级 市政公用工程施工总承包二、三级		6.58%
4	Ⅳ档	施工专业承包劳务分包资质		4.8%

5.暂列金额按分部分项工程费和措施项目费的10%计算。

计算要求:根据以上内容进行该办公楼工程(建筑与装饰工程)的预算造价汇总(包括各项费用小计和造价合计),写出计算式,其中总价措施项目只需要计算安全文明施工费,其他项目费只计算暂列金额。(结果保留两位小数)

单位工程施工图预算汇总表

工程名称:　　　　　　　　　　　　　　　　　　　　　　第　页　共　页

序号	汇总内容	金额/万元	计算式
1	分部分项工程费		
	其中:定额人工费		
	定额机械费		
2	措施项目费		
2.1	单价措施项目费		
	其中:定额人工费		
	定额机械费		
2.2	总价措施项目费		
	其中:安全文明施工费		
	夜间施工		
	二次搬运		
	冬雨季施工		
	工程定位复测		
3	其他项目费		
	其中:暂列金额		
4	规费		
5	税前工程造价		
6	销项增值税		
7	附加税		
	单位施工图预算合计		

附　录

附录使用说明

一、施工图

1.提供的施工图仅用于教学练习用。

2.图纸中若存在错、漏、矛盾之处,练习者应模拟设计单位,提出合理的图纸变更方案,以图纸补充说明的方式作为施工图补充。

3.涉及施工方案的内容,练习者应根据工程实际情况,选择合理的施工方案,可在编制说明中明确。

二、地方定额摘录

预算定额具有地区性,各地的预算定额作用、构成、使用方法大同小异,通过对比各地预算定额的适用范围、计算规则和分项工程项目表,可以帮助练习者更好地理解和应用预算定额。

附录一　某单层砖混结构实习车间工程

一、工程概况

某市职业技术学院一单层砖混结构实习车间,建筑面积为 97.18 m^2,室内标高为±0.000,室内外高差为-0.15 m。该工程相关图纸如图 1—图 11 所示。

二、基础工程

采用条形砖基础,M5 水泥砂浆砌筑;独立柱基础为 C20 钢筋混凝土现浇,C10 混凝土垫层;C20 钢筋混凝土地梁。

三、主体工程

内外墙均采用 M5 混合砂浆砌筑;屋面板及门窗过梁采用现浇构件,所有混凝土强度等级均为 C20。构造柱扎根在地圈梁上,断面尺寸均为 370 mm×370 mm 或 240 mm×240 mm,配筋 4ϕ12、ϕ6@200,按要求预留马牙槎并设拉结筋与墙体拉结。受力钢筋的混凝土保护层厚度:

柱、圈梁、过梁为 25 mm，板为 15 mm。过梁高度见表 1。

表 1　过梁高度说明　　　　　　单位：mm

过梁净跨	h	每侧支撑长度
$L_n \leqslant 1\ 000$	90	250
$1\ 000 < L_n \leqslant 1\ 500$	120	250
$1\ 500 < L_n \leqslant 2\ 100$	180	250
$2\ 100 < L_n \leqslant 2\ 400$	200	250
$2\ 400 < L_n \leqslant 3\ 000$	240	250
$3\ 000 < L_n \leqslant 4\ 000$	300	370

注：若洞侧有框架柱或构造柱，过梁应采取现浇，长度按净跨计算。

四、门窗

本工程门窗均为钢门窗，所有门窗均刷防锈漆一遍、调和漆两遍，详细尺寸见表 2。

表 2　门窗统计表

名称	代号	宽度/mm	高度/mm	备注
成品铝合金 XH90 系列平开门（带亮）	M-1	1 700	3 100	安铝合金执手锁
成品铝合金 XH90 系列平开门（带亮）	M-1	1 500	3 100	安铝合金执手锁
成品装饰木门（带亮）	M-2	1 000	2 700	安执手锁
带亮双扇成品塑钢 60 系列推拉窗	C-1	1 500	2 100	
带亮四扇成品塑钢 60 系列推拉窗	C-2	2 400	2 400	

五、楼地面工程

地面为 60 mm 厚 C15 混凝土垫层，20 mm 厚 1∶2.5 水泥砂浆抹面压实赶光；散水宽 1.0 m，台阶长 3.6 m，与散水同宽，散水、台阶做法同地面；踢脚为 120 mm 高水泥砂浆踢脚。

六、屋面工程

屋面工程做法：从下到上为 120 mm 厚钢筋混凝土板，1∶6 水泥焦渣，最低处 30 mm 厚，找 2% 坡度，振捣密实，表面抹光，80 mm 厚聚苯板保温层，20 mm 厚 1∶2.5 水泥砂浆找平层，3+3SBS 防水层。

四角均设漏斗、塑料水落管及下水弯头排水。

七、装饰工程

1．外墙装饰：外墙为干粘石墙面，白石子水刷石墙裙。

2．内墙抹灰：喷内墙涂料（大白浆）；10 mm 厚 1∶3 水泥砂浆打底。

3．天棚抹灰：喷顶棚涂料（大白浆）；1.5 mm 厚腻子粉两遍；刷素水泥浆一道。

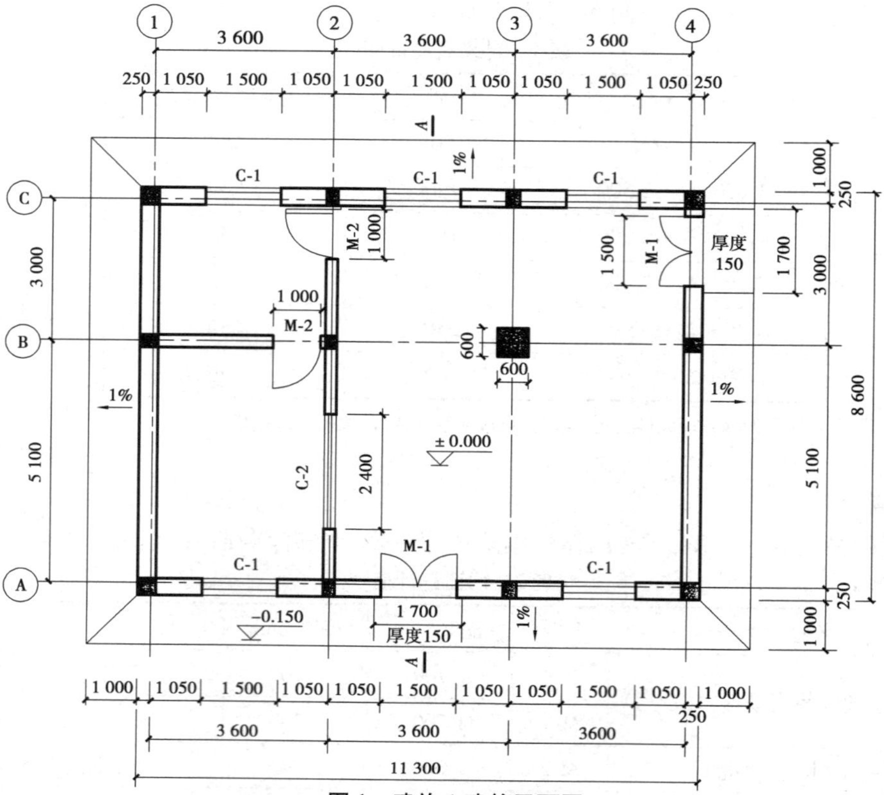

图 1　建施 1 建筑平面图

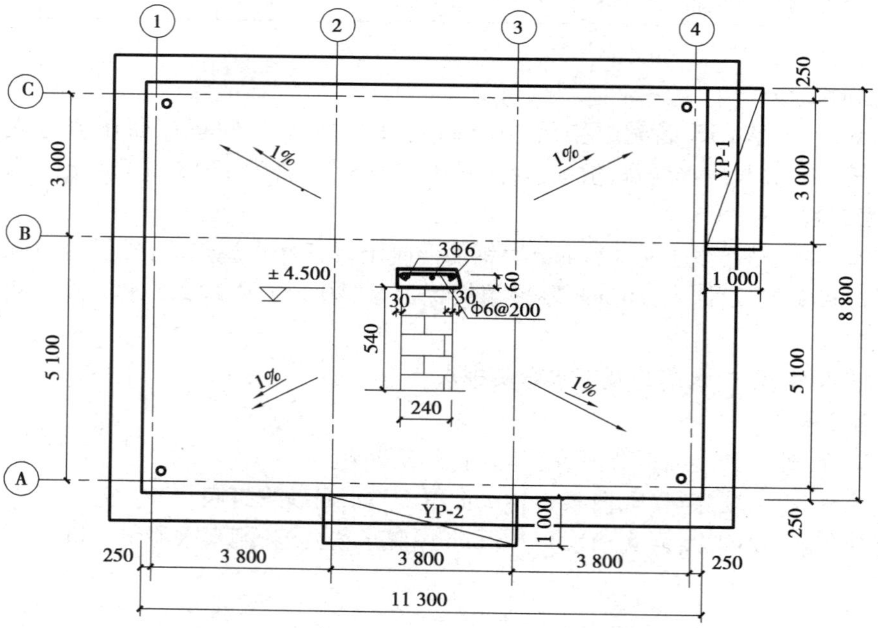

图 2　建施 2 屋顶结构平面布置图

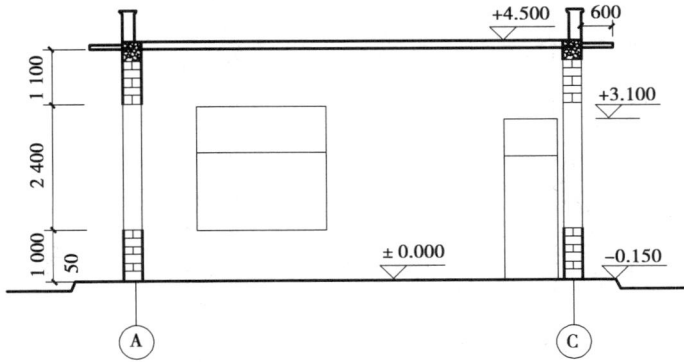

图 3　图 1 中的 A—A 剖面图

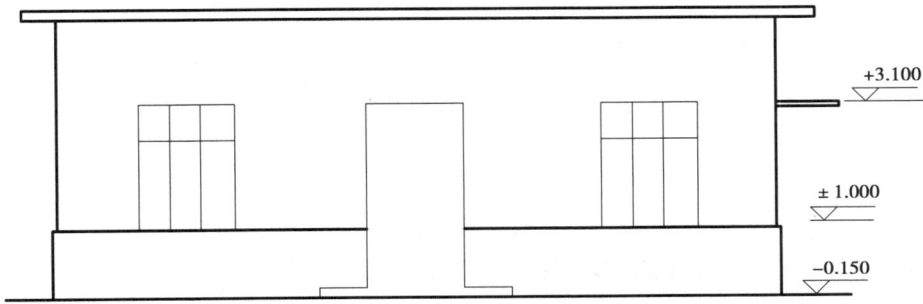

图 4　建施 3 建筑立面图

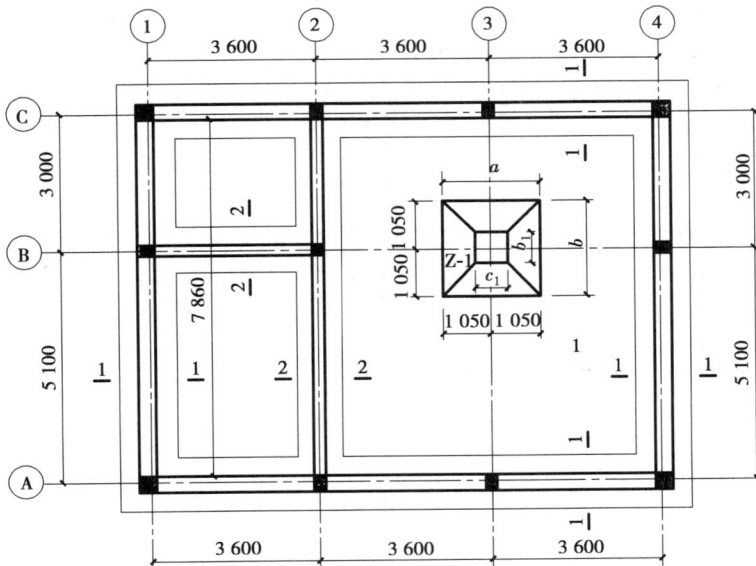

图 5　结施 1 基础平面图

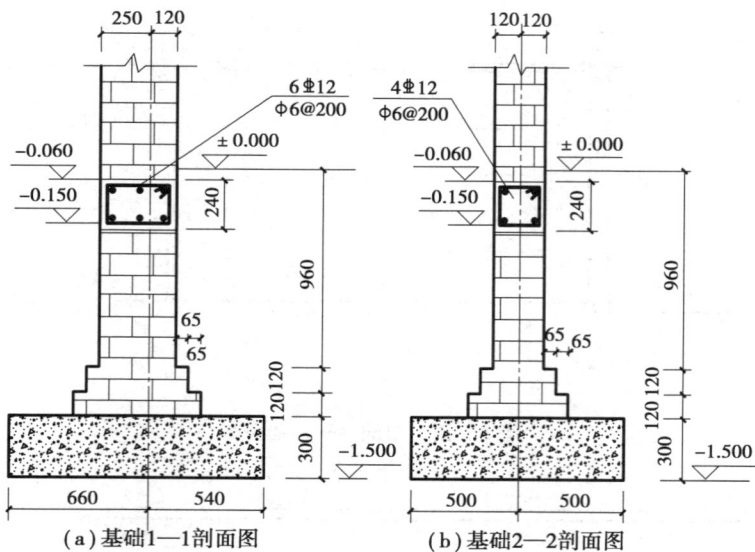

（a）基础1—1剖面图　　　（b）基础2—2剖面图

图6　结施1基础剖面图

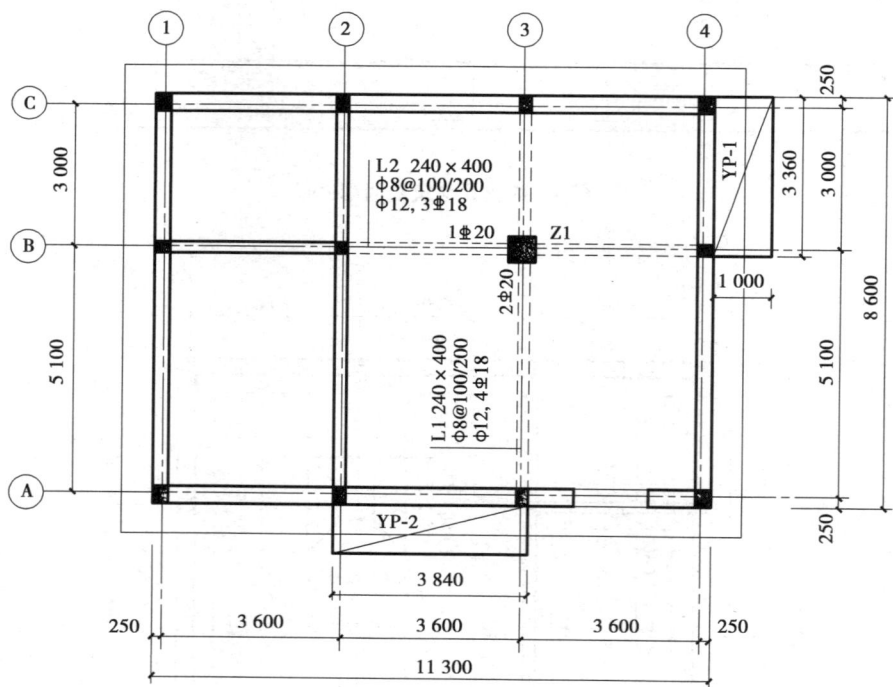

图7　结施3屋顶结构图

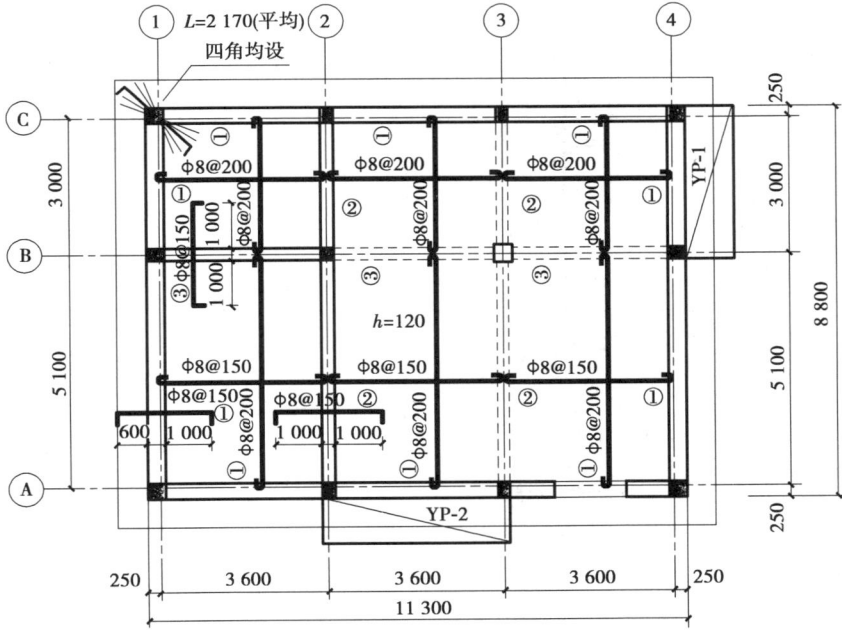

图 8　结施 4 屋面板结构配筋图

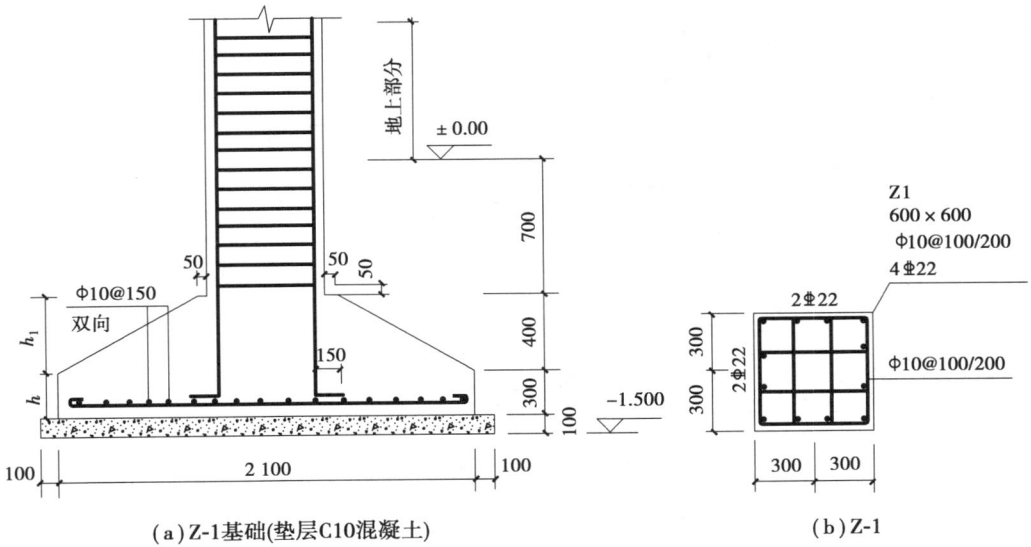

（a）Z-1基础(垫层C10混凝土)　　　　（b）Z-1

图 9　结施 5 独立柱配筋图

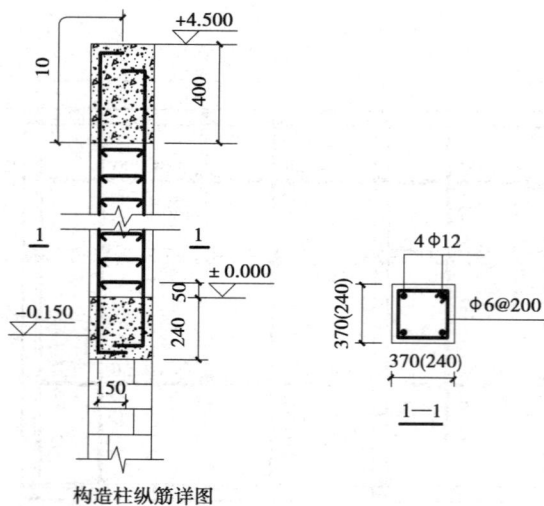

构造柱纵筋详图

图 10 结施 6 构造柱配筋详图

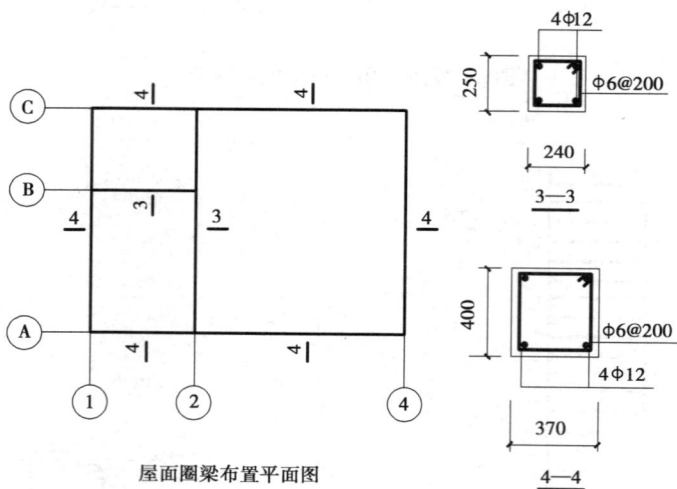

屋面圈梁布置平面图

图 11 结施 7 屋面圈梁平面布置及配筋图

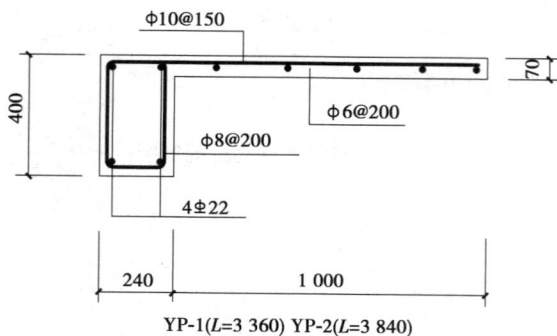

YP-1(L=3 360) YP-2(L=3 840)

图 12 结施 8 雨篷大样图

附录二　某单层框架车库施工图

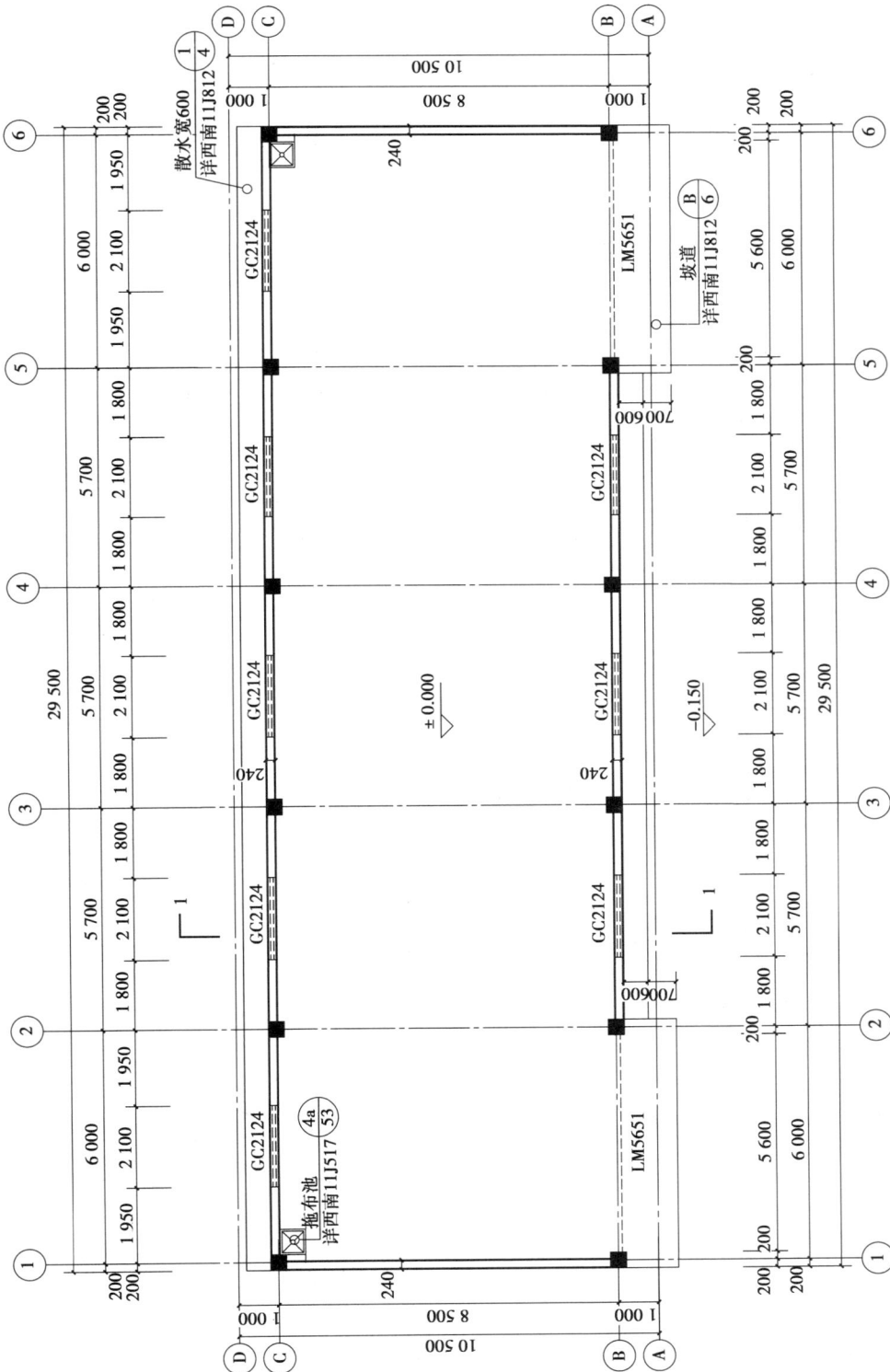

底层平面图 1:100

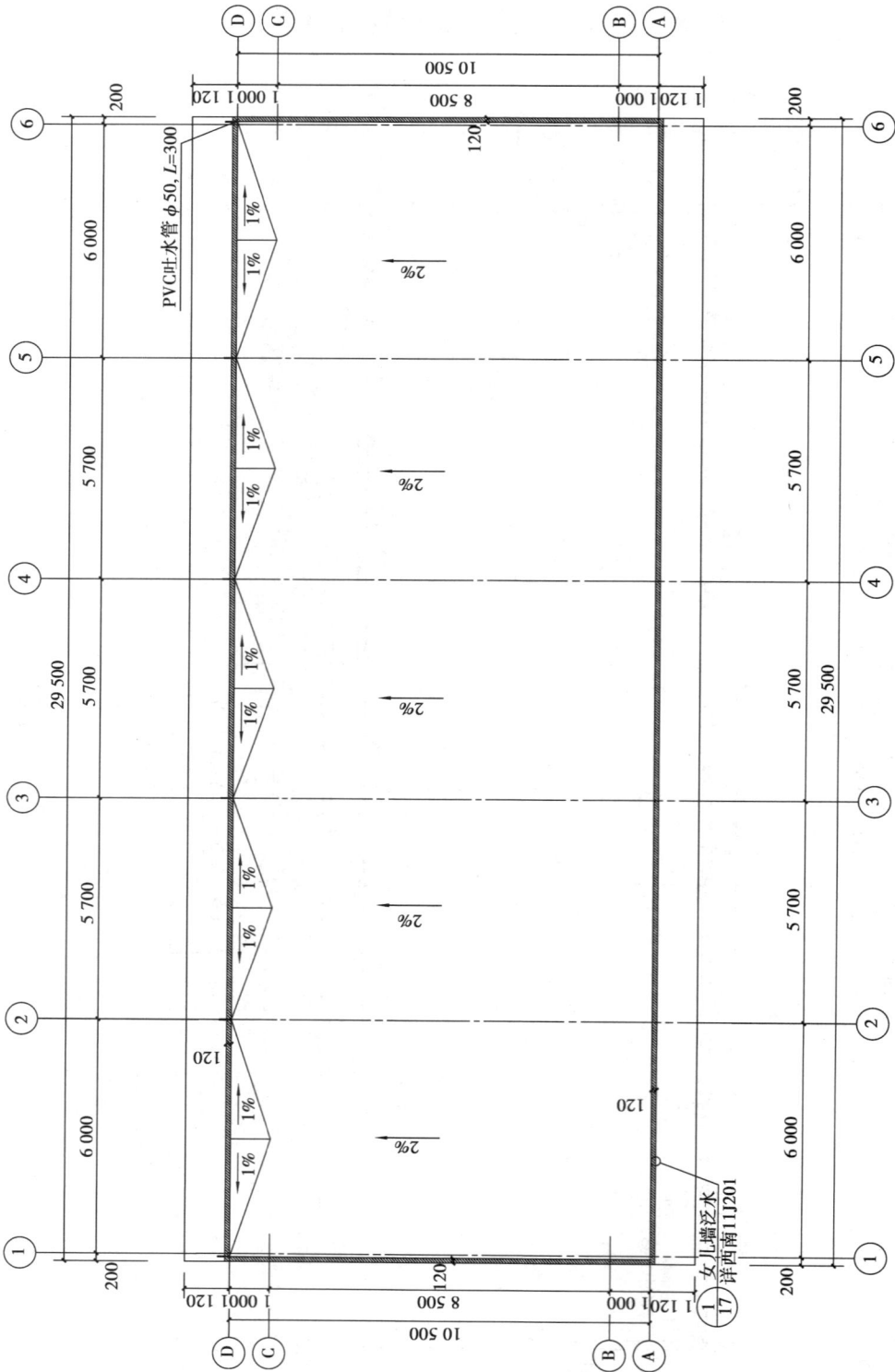

屋顶平面图 1:100

窗台详图 1:20

① — ⑥ 立面图 1:100

白色面砖

橘黄色面砖

5.800
5.500
±0.000
-0.150

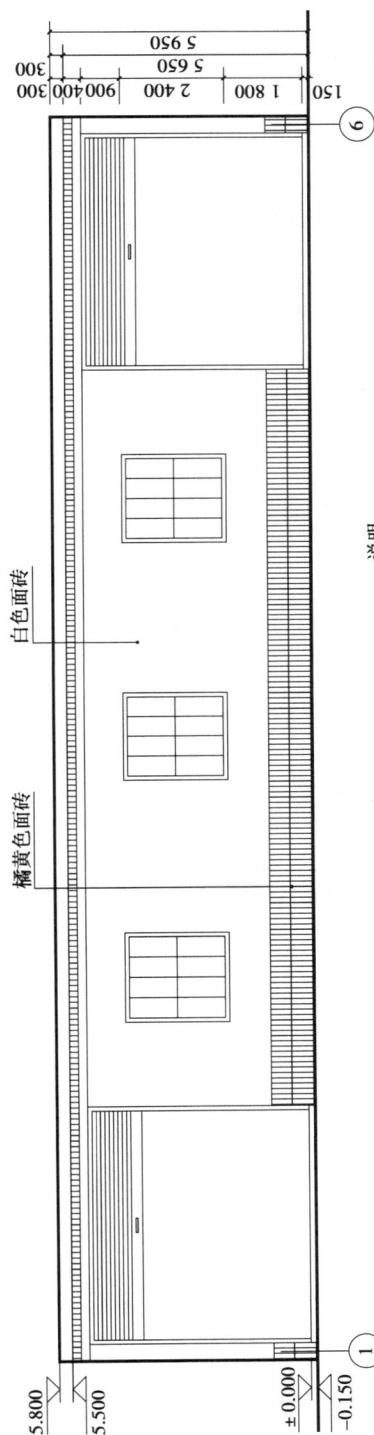

说明：
1. 坡道：80 mm厚C20混凝土提浆抹面，划线防滑，100 mm厚碎砖黏土夯实垫层；
2. 散水：60 mm厚C15混凝土提浆抹面，15 mm宽1:1沥青砂浆或油膏嵌缝。

说明：
1.门：铝合金卷闸门JLM5651,5 600 mm×5 100 mm为洞口尺寸；
2.窗：铝合金窗(成品)GC2124,2 100 mm×2 400 mm为洞口尺寸；
3.压顶：女儿墙压顶详西南11J201第48页2节点；
4.顶棚：详西南11J515-P05第31页；
5.内墙：详西南11J515-N02第6页；
6.外墙：详西南11J515-N10、N11第8页。

屋面做法详西南11J201-2101第13页
25 mm厚1:2水泥砂浆加5%防水剂，提浆压光
1:6水泥膨胀蛭石找坡，最薄处60，i=2%
现浇钢筋混凝土
顶棚做仿瓷涂料

仿瓷涂料

女儿墙泛水
详西南11J201 ①/17

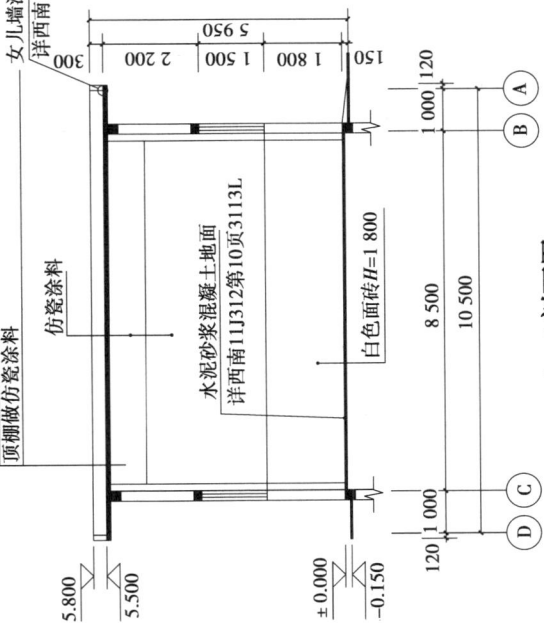

水泥砂浆混凝土地面
详西南11J312第10页3113L

白色面砖H=1 800

1—1剖面图 1:100

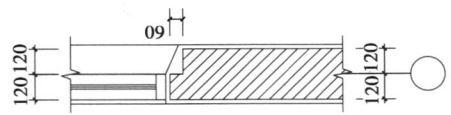

5.800
5.500
±0.000
-0.150

结构设计说明

1.设计依据国家现行规范规程及建设单位提出的要求。

2.本工程标高以 m 为单位,其余尺寸以 mm 为单位。

3.本工程为一层框架结构,使用年限为 50 年。

4.该建筑抗震设防烈度为 7 度,场地类别Ⅱ类,设计基本地震加速度为 $0.10g$。

5.本工程结构安全等级为二级,耐火等级为二级。

6.建筑结构抗震重要性类别为标准设防(丙)类。

7.地基基础设计等级为丙级。

8.本工程砌体施工等级为 B 级。

9.本工程采用粉质黏土作为持力层,地基承载力特征值为 $f_{ak} = 150$ kPa。

10.防潮层用1:2水泥砂浆掺 5%水泥质量的防水剂,厚 20 mm。

11.混凝土纵向受力钢筋的最小保护层厚度:

板:20 mm;柱:30 mm;梁:30 mm;基础:40 mm。

12.钢筋:HPB300 级钢筋(Φ),HRB400 级钢筋(Ⅱ),钢筋强度标准值应具有不小于 95% 的保证率。

13.$L>4$ m 的板,要求支撑时起拱 $L/400$(L 为板跨);$L>4$ m 的梁,要求支模时跨中起拱 $L/400$(L 表示梁跨)。

14.未经技术鉴定或设计许可,不得更改结构的用途和使用环境。

15.砌体:

砌体标高范围	砖强度等级	砂浆强度等级
−0.050 以下至 5.450	MU10	M5

备注:1.具体墙厚见建筑施工图;砌体材料容重 19 kN/m³。

　　　2.防潮层以下为水泥砂浆,防潮层以上为混合砂浆。

16.砌体洞口净宽不小于 700 mm 时,应采用钢筋混凝土过梁,过梁详见下表。

	洞口净跨 l_0	$l_0 \leq 1\,000$	$1\,000 < l_0 \leq 1\,500$	$1\,500 < l_0 \leq 2\,000$	$2\,000 < l_0 \leq 2\,500$	$2\,500 < l_0 \leq 3\,000$	$3\,000 < l_0 \leq 3\,500$
过梁表	梁高 h	120	120	150	180	240	300
	支承长度 a	180	240	240	370	370	370
	面筋②	2 Φ 10	2 Φ 10	2 Φ 10	2 Ⅱ 12	2 Ⅱ 12	2 Ⅱ 12
	底筋①	2 Φ 10	2 Ⅱ 12	2 Ⅱ 14	2 Ⅱ 14	2 Ⅱ 16	2 Ⅱ 16

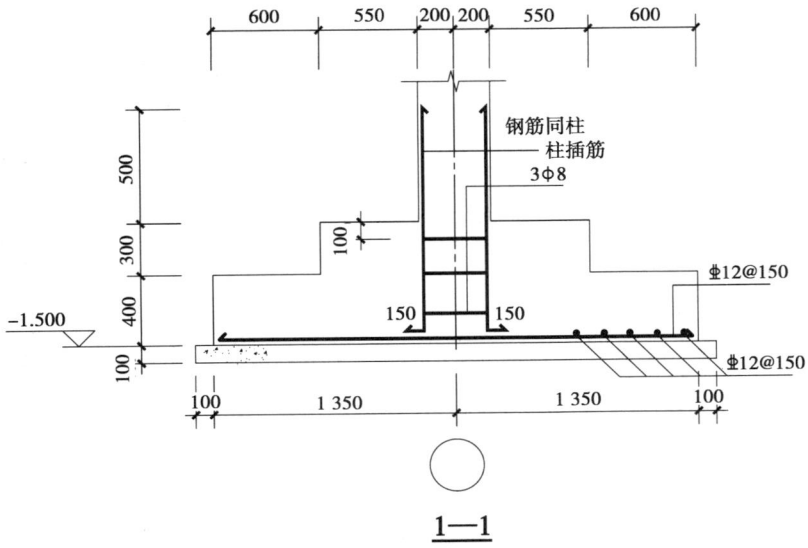

1—1

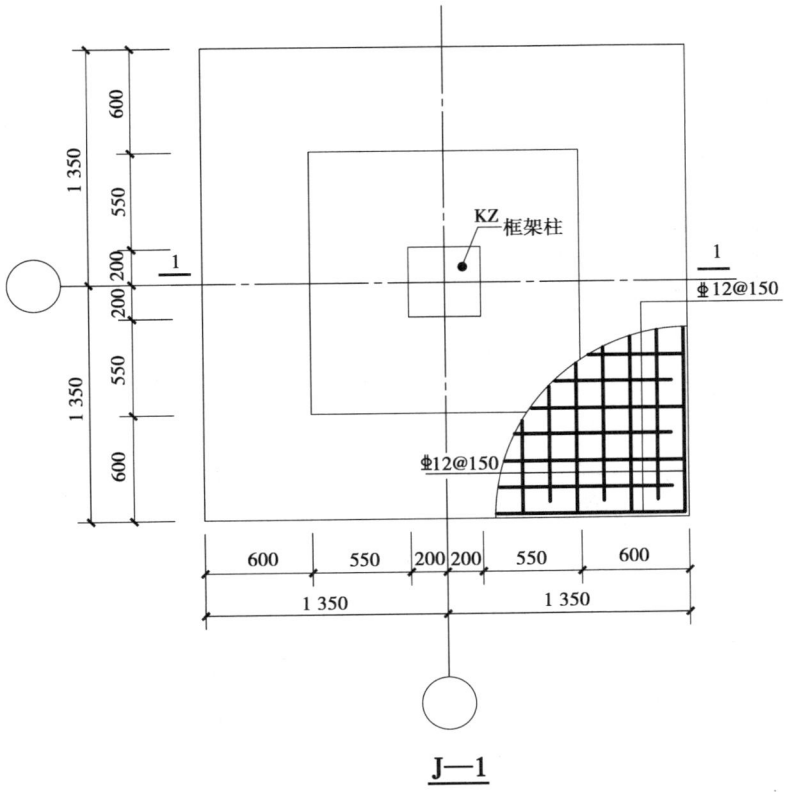

J—1

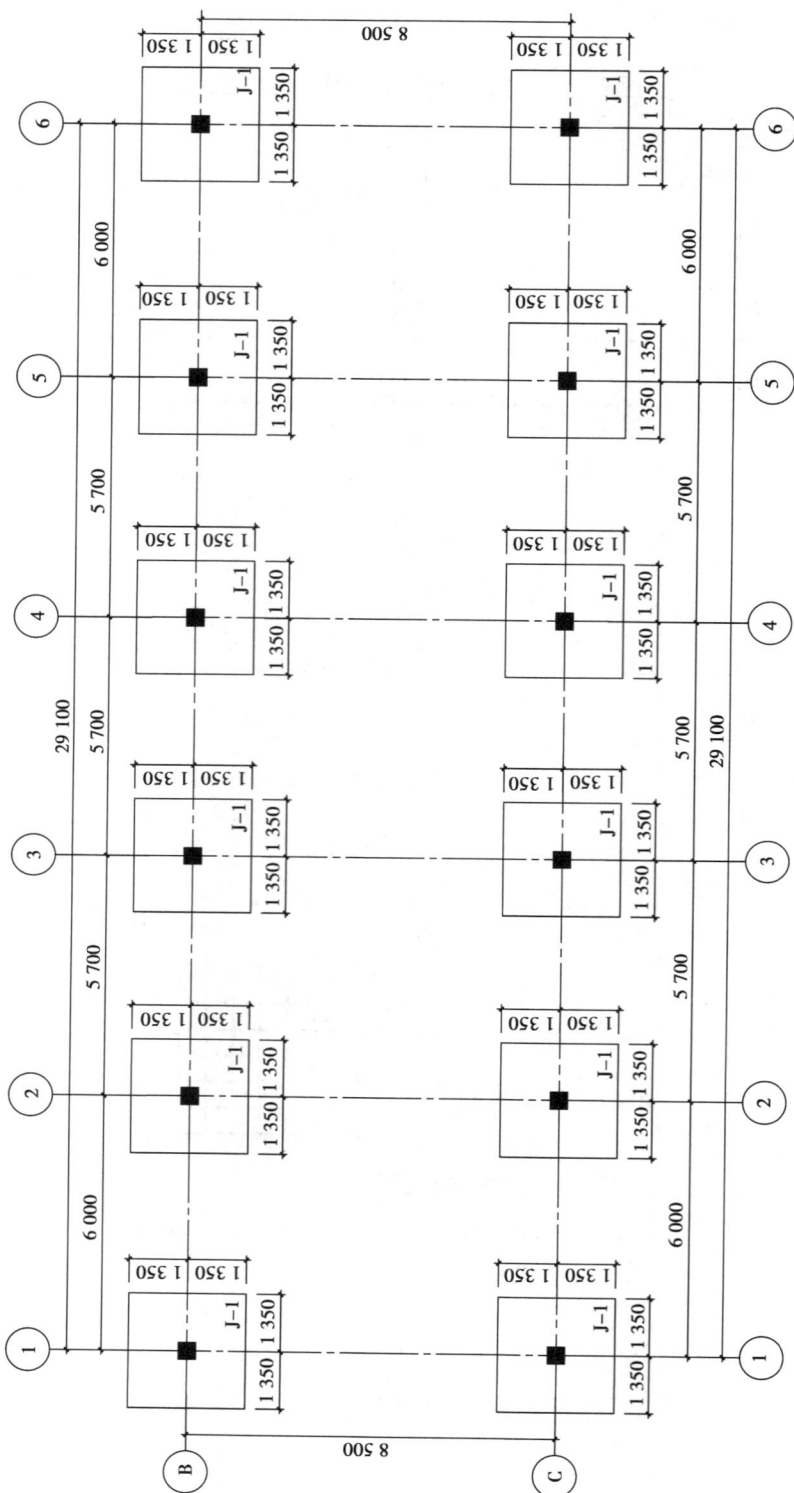

基础平面布置图

基础混凝土强度等级为C25

附注:
1. 预埋柱的纵筋直径和底层柱的配筋相同;
2. 基础预埋柱插筋与柱主筋采用机械或搭接连接,接头位置和方式严格按标准图集22G101—3第2-10页施工。

地梁层平法施工图
DKL混凝土强度等级为C25

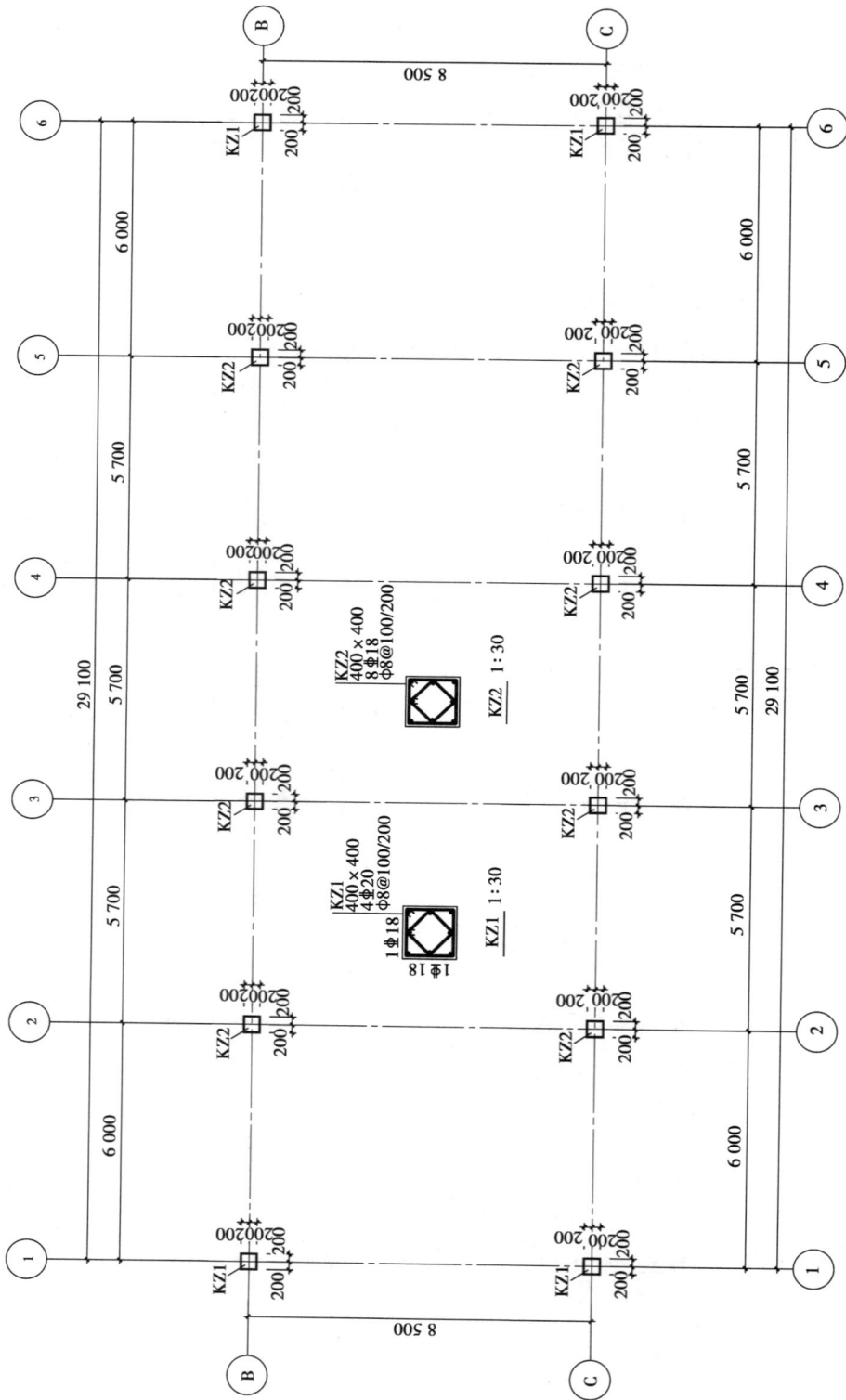

基础顶~5.450层柱平法施工图

基础顶~-0.500处柱箍筋全长采用Φ8@100

KZ2 1:30

KZ2
400×400
8Φ18
Φ8@100/200

KZ1 1:30

KZ1
400×400
4Φ20
Φ8@100/200

1Φ18

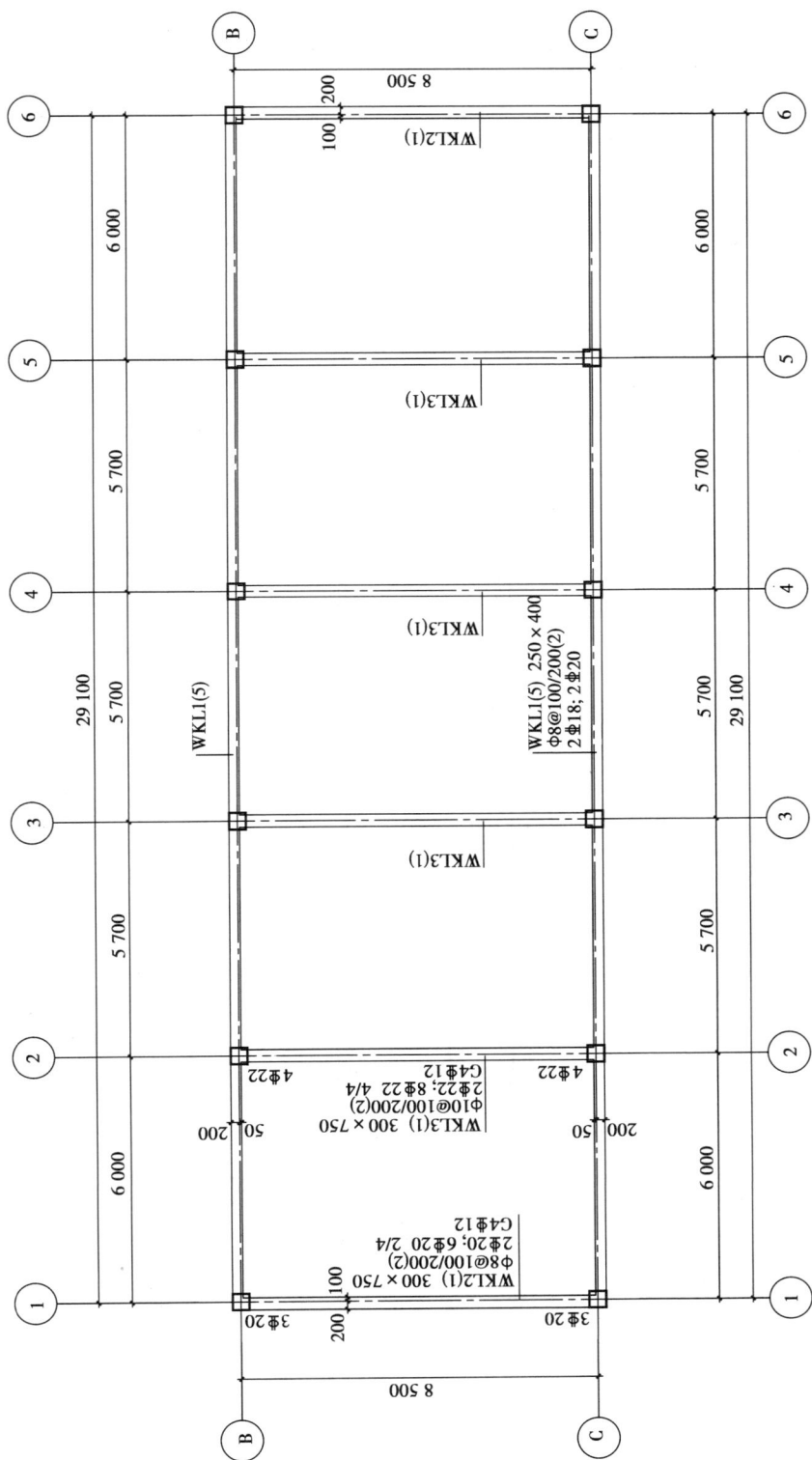

屋面层梁平法施工图 $\overline{\nabla}^{H=5.450}$

混凝土强度等级为C25

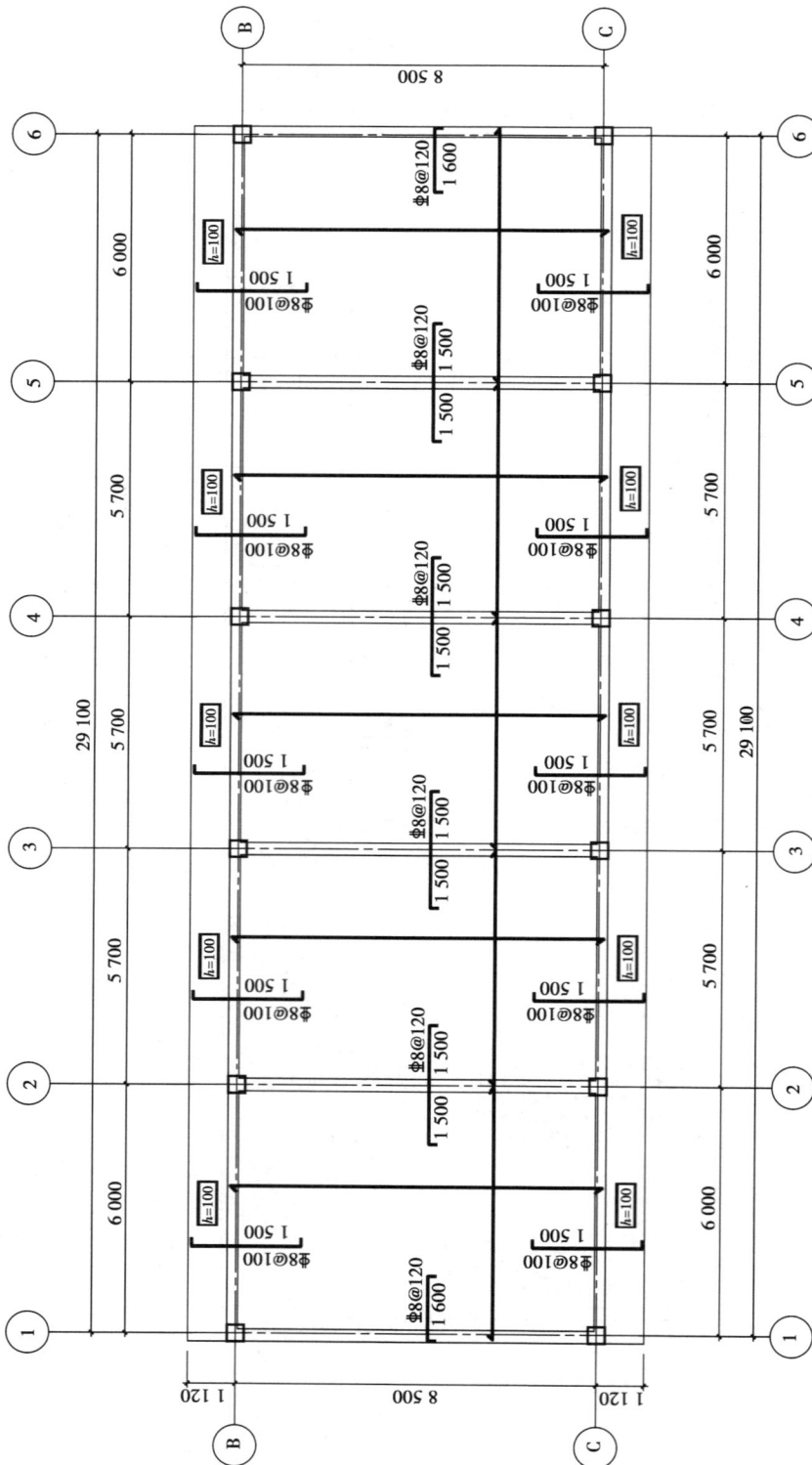

屋面层平面布置图 $\underset{\nabla}{H=5.450 \ m}$

注：未标注的板厚为140 mm
未标注的板底钢筋为Φ8@170
图中h表示板厚
混凝土强度等级为C25

● 本工程无需女儿墙构造柱。

附录三　某二层框架办公楼施工图

一、建筑设计说明

1.本工程为××公司办公楼,位于××市区。施工图如图1—图6所示。

2.图中尺寸以 mm 为单位,除顶层屋面为结构标高外,其他均为建筑标高。

3.本工程室内地坪以下墙体为 M5 水泥砂浆砌标准砖,室内地坪以上墙体为 M5 混合砂浆砌 KP2 型烧结多孔砖,女儿墙为 M5 水泥砂浆砌标准砖。

4.门窗及过梁见表1。

表1　门窗及预制过梁统计表

名称		宽度/mm	高度/mm	数量/个			预制混凝土过梁		
				一层	二层	总数	高度/mm	宽度/mm	长度/mm
M-1		2 400	2 700	1		1	240	同墙厚	洞口宽度 +500
M-2		900	2 400	2	2	4	120		
M-3		900	2 100	1	1	2	120		
C-1		1 500	1 800	4	4	8	180		
C-2		1 800	1 800	1	1	2	180		
MC-1	窗	1 500	1 800	1	1		240		
	门	900	2 700						

5.不同墙体材料交接处应在饰面找平层中铺设钢丝网或耐碱玻纤网格布。本工程内外框架结构填充墙与框架梁柱间加骑缝300 mm 宽20 mm×20 mm 钢丝网。

6.凡钢筋混凝土柱边墙垛宽度 ≤ 300 mm 时,改用同强度钢筋混凝土浇筑。墙体每500 mm设2φ6拉结筋与相邻钢筋混凝土柱拉筋接通。

7.防潮层:在 -0.060 m 墙身处铺20 mm 厚1:2防水砂浆防潮层。

8.屋面做法:

(1)20 mm 厚1:2.5 水泥砂浆保护层,分隔缝间距 ≤ 1.0 m;

(2)高聚物改性沥青卷材一道,同材性胶黏剂两道;

(3)20 mm 厚1:3水泥砂浆;

(4)高聚物改性沥青卷材一道,胶黏剂两道;

(5)刷底胶剂一道(材料同上);

(6)25 mm 厚1:3水泥砂浆找平层;

(7)炉渣混凝土保温层,最薄处20 mm,$i = 2\%$;

(8)20 mm 厚1:3水泥砂浆;

(9)氯丁胶乳胶清漆两遍;

(10)20 mm 厚1:3水泥砂浆找平层;

(11)结构层。

9.装饰做法见表2。

表2 某二层框架结构办公楼装饰做法

部位	装修名称	用料及分层做法
一层地面	铺瓷砖地面	铺 800 mm×800 mm×10 mm 瓷砖,白水泥擦缝
		20 mm 厚 1:2 干硬性水泥砂浆黏结层,上撒 1~2 mm 厚干水泥,洒清水适量
		20 mm 厚 1:3 水泥砂浆找平
		水泥浆水灰比 0.4~0.5 结合层一道
		100 mm 厚 C10 混凝土垫层
		素土夯实基土
二层楼面(除楼梯)	铺瓷砖楼面	铺 800 mm×800 mm×10 mm 瓷砖,白水泥擦缝
		20 mm 厚 1:2 干硬性水泥砂浆黏结层,上撒 1~2 mm 厚干水泥,洒清水适量
		水泥浆水灰比 0.4~0.5 结合层一道
		50 mm 厚 C10 细石混凝土敷管找平层
		结构层
楼梯面	铺瓷砖梯面	铺 300 mm×300 mm×10 mm 瓷砖防滑地砖,白水泥擦缝
		20 mm 厚 1:2 干硬性水泥砂浆黏结层,上撒 1~2 mm 厚干水泥,洒清水适量
		水泥浆水灰比 0.4~0.5 结合层一道
		钢筋混凝土楼梯 注:楼梯侧面 1 为水泥砂浆抹 20 mm 厚,楼梯为不锈钢栏杆、扶手
除接待室外所有房间	水泥踢脚线	6 mm 厚 1:2 水泥砂浆层铁板赶光
		7 mm 厚 1:3 水泥砂浆基层
		13 mm 厚 1:3 水泥砂浆打底
接待室	胶合板墙裙(H=1 500 mm)	刮腻子、磨砂纸、刷底漆一遍,刷聚酯清漆两遍
		9 mm 厚胶合板面层,暗钉钉牢(木筋上刷白乳胶)
		30 mm×30 mm 木筋(正面刨光),木筋刷氟化钠防腐剂,双向中距和板材配合(≤500 mm×500 mm)
		刷聚氨酯防潮涂膜一层
		9 mm 厚 1:3 水泥砂浆找平,两遍成活
		基层原浆抹平
所有房间及阳台栏板	水泥砂浆喷涂料内墙面	抹灰面刮三遍仿瓷涂料
		满刮腻子一道磨平
		5 mm 厚 1:2.5 水泥砂浆罩面压光
		6 mm 厚 1:3 水泥砂浆垫层找平
		7 mm 厚 1:3 水泥砂浆打底扫毛
		墙体基层处理

续表

部位	装修名称	用料及分层做法
所有房间及阳台板、挑檐板、楼梯板底	纸筋灰喷涂料顶棚	喷三遍仿瓷涂料
		满刮腻子磨平
		6 mm 厚 1∶1∶4 水泥石灰砂浆打底找平
		6~9 mm 厚 1∶0.5∶2.5 水泥石灰砂浆
		刷水泥浆一道（加建筑胶适量）
		基层清理
外墙面（包括阳台板、挑檐板外侧）	面墙外墙	贴外墙砖 1∶1 水泥砂浆勾缝
		8 mm 厚 1∶0.15∶2 水泥石灰砂浆（内掺建筑胶或专业胶黏剂）
		14 mm 厚 1∶3 水泥砂浆打底，两次成活扫毛或划出纹道
女儿墙及压顶	水泥砂浆外面	6 mm 厚 1∶2 水泥砂浆罩面
		7 mm 厚 1∶3 水泥砂浆找平、扫毛
		7 mm 厚 1∶3 水泥砂浆打底
台阶	水泥砂浆台阶	20 mm 厚 1∶2 水泥砂浆面层铁板赶光
		水泥浆水灰比 0.4~0.5 结合层一道
		100 mm 厚 C10 混凝土
		素土夯实
散水	混凝土散水	100 mm 厚 C10 混凝土面层铁板提浆赶光
		沥青砂浆嵌缝
		素土夯实

二、结构设计说明

1.本结构抗震烈度为 7 度,建筑场地类别为Ⅱ类,抗震等级为四级（框架）。

2.基础与地下部分

（1）根据××地质工程勘察院提供的《岩土工程勘察报告》,本工程持力层为粉质黏土层。

（2）基槽开挖后经有关人员验收合格方可施工基础。

（3）基础放线时应严格校对,如发现地基与勘察报告不符,须会同勘察、监理、设计和建设单位商研处理后方可继续施工,施工过程中应填写隐蔽工程记录。

3.本工程采用现浇全框架结构体系

4.其他

（1）混凝土:基础垫层采用 C15,基础、梁、板、柱采用 C30,其他未明确的构件采用 C20。

（2）板厚均为 100 mm。

三、施工说明与要求

1.门窗

（1）M-1:成品铝合金 90 系列双扇推拉门,带上亮,外加成品防火卷闸门,安装在洞口内侧。

（2）M-2:成品装饰木门,安执手锁一把。

（3）M-3:成品装饰木门,安执手锁一把。

（4）C-1：带亮双扇成品塑钢推拉窗。

（5）C-2：带亮三扇成品塑钢推拉窗。

（6）MC-1：成品塑钢门连窗，窗为双扇推拉窗，门为带亮单扇门。

（7）成品门窗（带门窗套）按以下价格计价：M-1为1 600元/樘；防火卷闸门为2 400元/樘；M-2为750元/樘；M-3为700元/樘；C-1为800元/樘；C-2为820元/樘；MC-1为1 700元/樘；执手锁为150元/把。

2.窗台板做法

1∶3水泥砂浆粘贴大理石窗台板，宽180 mm。

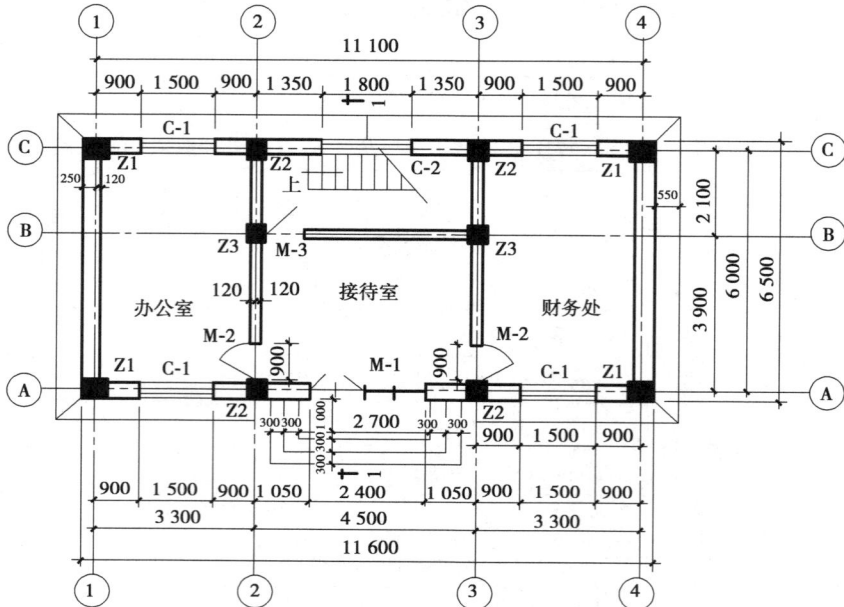

（a）一层平面图

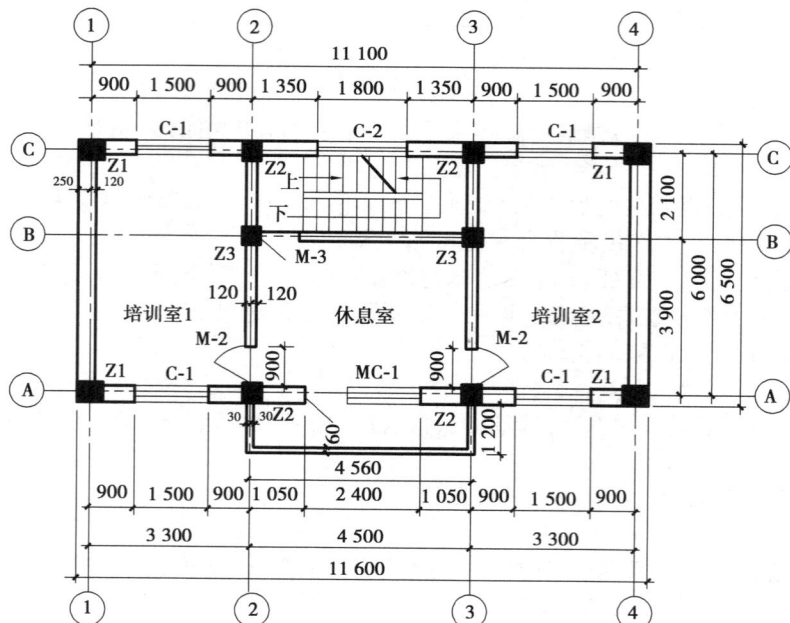

（b）二层平面图

图1　平面图

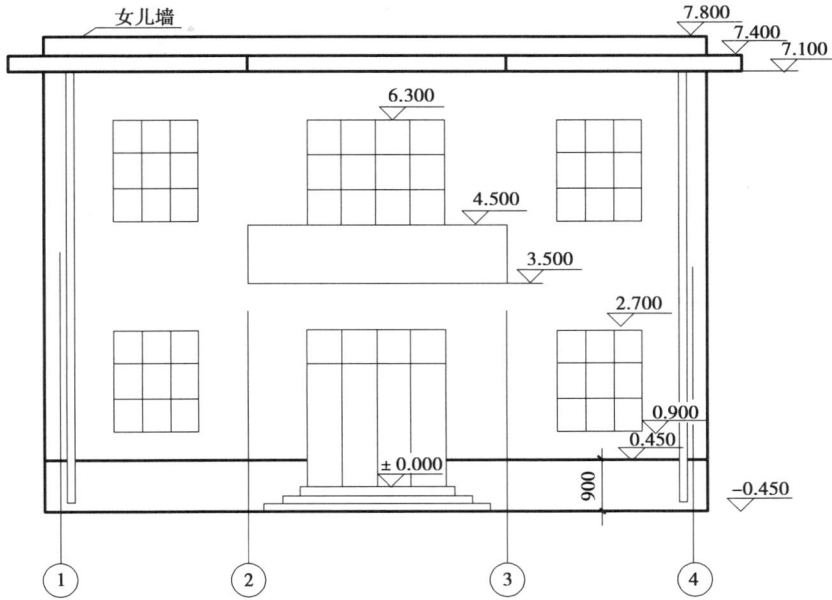

图2 办公楼立面图

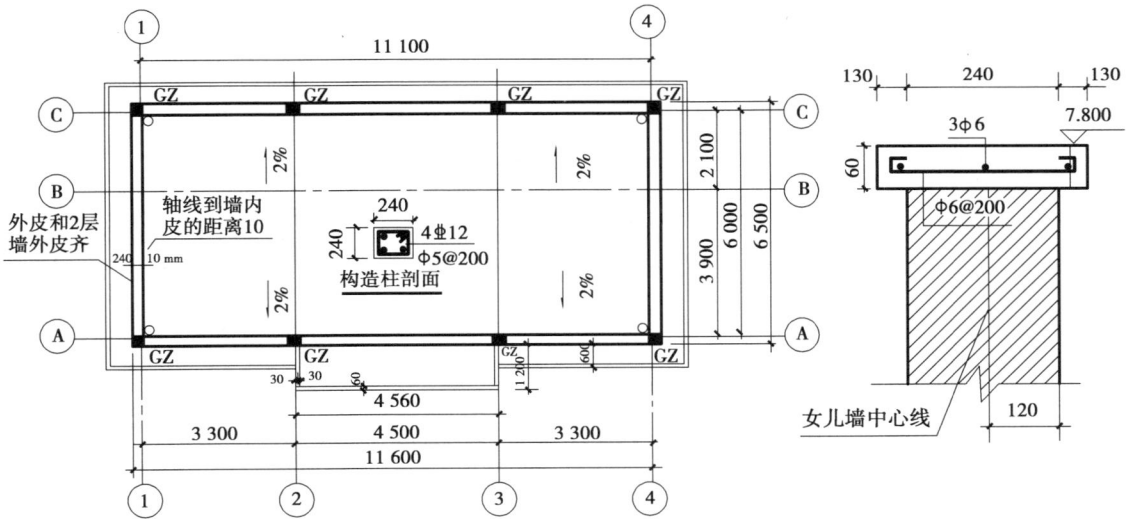

提示：女儿墙的厚度、高度；构造柱与其关系。

图3 屋顶平面图和女儿墙示意图

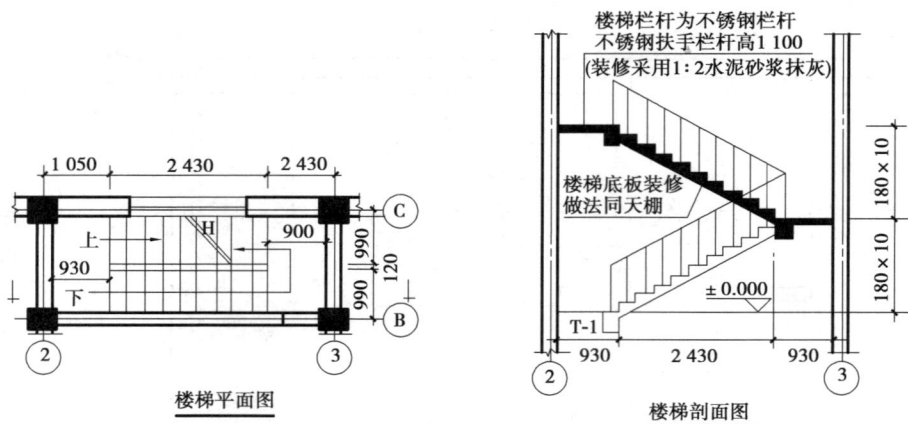

楼梯平面图   楼梯剖面图

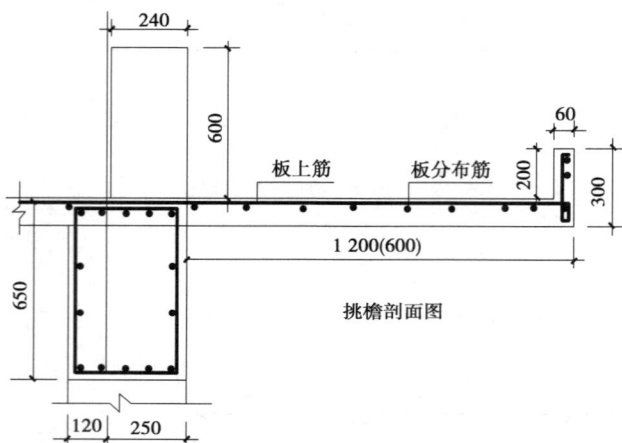

挑檐剖面图

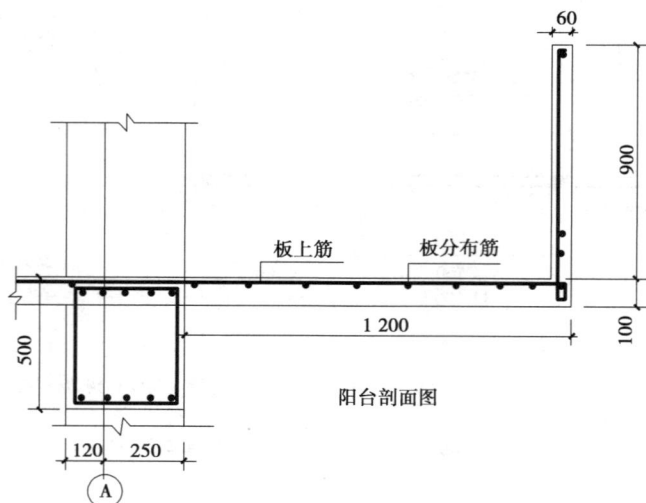

阳台剖面图

图 4 二层框架结构办公楼楼梯、挑檐、阳台图

（a）筏基平面图

（b）外墙基剖面图　　　　　　　　　（b）内墙基剖面图

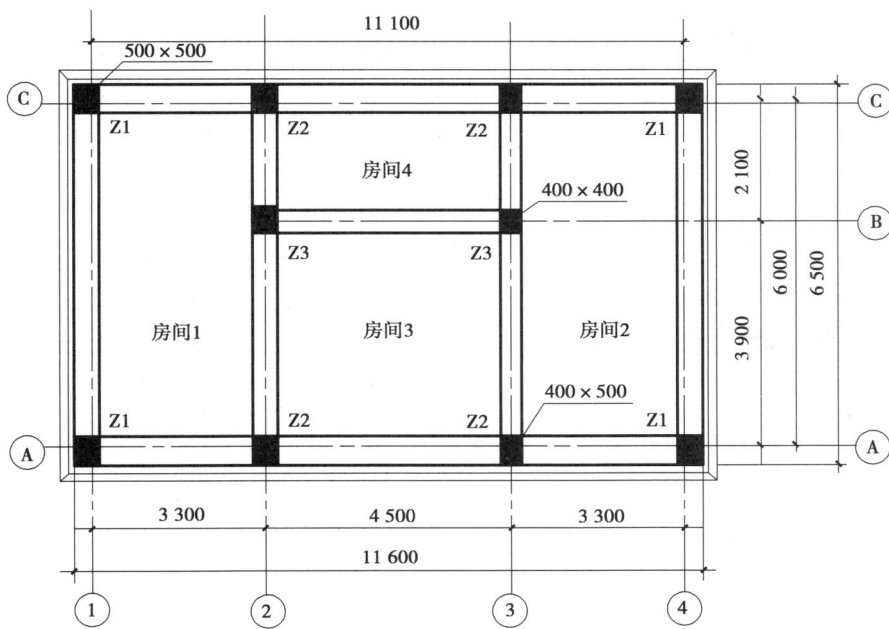

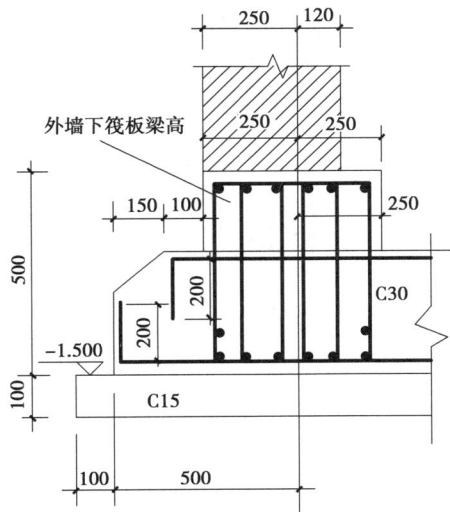

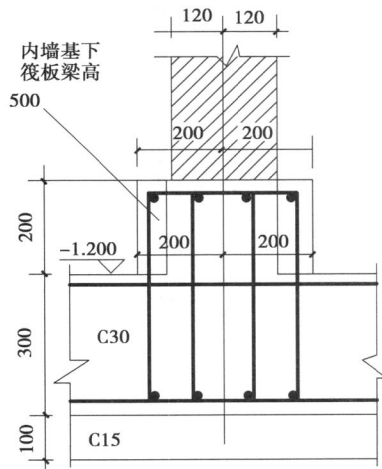

图 5　筏基平面图与内外墙基剖面图

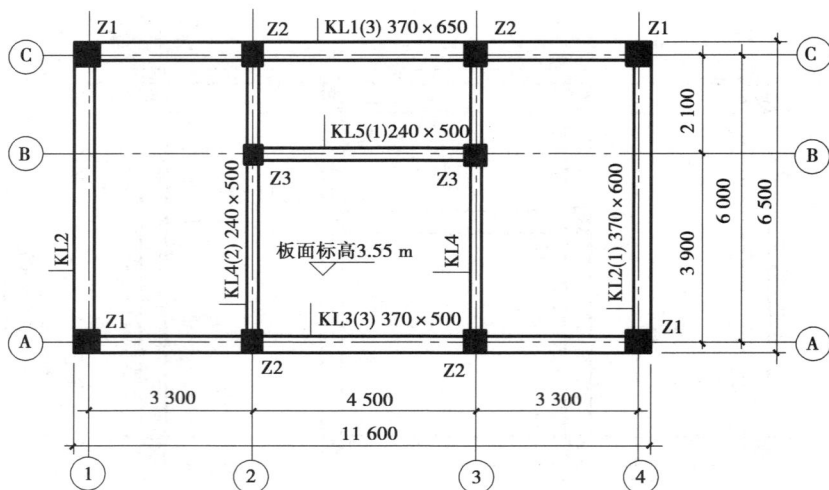

（a）一层梁布置图

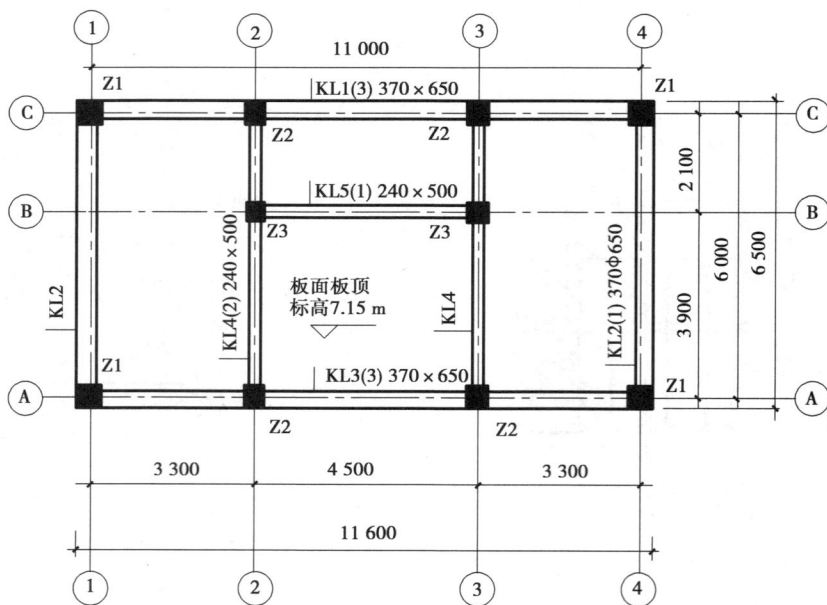

（b）二层梁布置图

图6 梁布置图

附录四　地区定额摘录

　　我国的建设工程定额具有地区性,在此列举北京市、重庆市、四川省的建设工程定额部分内容,包括总说明部分内容、册说明部分内容、计算规则部分内容、例举定额项目表,供读者了解。

2021 年《北京市建设工程计价依据——预算消耗量标准》(摘录)

总说明

　　一、2021 年《北京市建设工程计价依据——预算消耗量标准》(以下简称本标准)共分七部分二十八册,包括:

　　01 房屋建筑与装饰工程预算消耗量标准:房屋建筑与装饰工程共一册;

　　02 仿古建筑工程预算消耗量标准:仿古建筑工程共一册;

　　03 通用安装工程预算消耗量标准:机械设备安装工程,热力设备安装工程,静置设备与工艺金属结构制作安装工程,电气设备安装工程,建筑智能化工程,自动化控制仪表安装工程,通风空调工程,工业管道工程,消防工程,给排水、采暖、燃气工程,信息通信设备与线缆安装工程,刷油、防腐蚀、绝热工程共十二册;

　　04 市政工程预算消耗量标准:通用项目、道路工程、桥涵工程、管网工程、水处理工程共五册;

　　05 园林绿化工程预算消耗量标准:园林绿化工程共一册;

　　06 构筑物工程预算消耗量标准:构筑物工程共一册;

　　07 城市轨道交通工程预算消耗量标准:土建工程、轨道工程、通信工程、信号工程、供电工程、智能工程、机电工程共七册。

　　三、本标准适用于北京市行政区域内的工业与民用建筑(含仿古)、市政、园林绿化、轨道交通工程的新建、扩建,市政改建以及行道新辟栽植和旧园林栽植改造等工程。不适用于房屋修缮工程(含整体更新改造)、轨道交通运营改造工程、临时性工程、山区工程、平原造林工程、道路及园林养护工程等。

　　四、本标准是完成规定计量单位分项工程所需的人工、材料、施工机械的消耗量标准,是北京市行政区域内国有资金投资工程编制最高投标限价的依据,是编制概算和估算指标的基础。

《房屋建筑与装饰工程预算消耗量标准》

册说明

　　一、房屋建筑与装饰工程预算消耗量标准包括:土石方工程,地基处理与边坡支护工程,桩基工程,砌筑工程,混凝土及钢筋混凝土工程,金属结构工程,木结构工程,门窗工程,屋面及防水工程,保温、隔热、防腐工程,楼地面装饰工程,墙、柱面装饰与隔断、幕墙工程,天棚工程,油漆、涂料、裱糊工程,其他装饰工程,措施项目共十六章。

　　二、本标准中材料的材质、型号、规格与设计要求不同时,除各章另有规定外,材料可以替换。

第一章 土石方工程

说明

六、挖沟槽、基坑、一般土方的划分标准

1.底宽≤7 m,底长>3倍底宽,执行挖沟槽相应子目。

2.底长≤3倍底宽且底面积≤150 m²,执行挖基坑相应子目。

3.超出上述范围执行挖一般土方相应子目。

七、土方工程

1.平整场地是指室外设计地坪与自然地坪平均厚度≤±300 mm的就地挖、填、找平;平均厚度>±300 mm的竖向土方,执行机挖独立土方相应子目。

2.人工挖土方子目包括打钎拍底,机械挖土方时的人工清槽执行人工挖土方相应子目。

3.挖内支撑土方包括垂直提土。

4.管沟土方执行沟槽土方相应子目。

十、运输

1.土(石)方运输,运距超过1 km时执行运距每增1 km相应子目。

2.回填土回运分别执行土方装车、运距1 km以内及土方场外运输运距每增1 km子目。

3.土方即挖即运分别执行机挖土方、土方运输运距1 km以内、运距每增1 km子目;土方二次倒运时分别执行土方装车、土方运输运距1 km以内、运距每增1 km子目。

工程量计算规则

一、土方工程

1.平整场地按设计图示尺寸以建筑物首层建筑面积计算。地下室单层建筑面积大于首层建筑面积时,按地下室最大单层建筑面积计算。

2.场地碾压、原土打夯按设计图示碾压或打夯面积计算。

3.基础挖土方按挖土底面积乘以挖土深度以体积计算。放坡土方增量及局部加深部分并入土方工程量中。

定额项目表举例
平整场地

工作内容:1.土方挖、填、找平等。

　　　　　2.压路机碾压,人工配合。

　　　　　3.松土、找平、浇水、夯实。

单位:m²

编　号			1-1	1-2	1-3	1-4
项　目			平整场地		场地碾压	原土打夯
			人工	机械		
工料机名称		单位	消耗量			
人工	00010701	综合用工三类	工日	0.020	0.002	0.002	0.012
机械	9907000703	轮胎式装载机3 m³	台班	—	0.000 7	—	—
	99130002	光轮压路机(综合)	台班	—	—	0.000 4	—
	9945000011	电动夯实机250 N·m	台班	—	—	—	0.006 0
	99460004	其他机具费占人工费	%	1.50	1.50	1.50	1.50

砖砌体

工作内容:清理基层、砂浆拌和、砌砖、刮缝等。

单位:m³

编　号			4-1	4-2	4-3	4-4
项　目			基础	零星砌砖	女儿墙	地沟、明沟
工料机名称		单位	消耗量			
人工	00010301　综合用工一类	工日	1.242	2.415	1.578	1.306
材料	0413000901　标准砖 240 mm×115 mm×53 mm	块	523.600 0	551.400 0	521.500 0	539.600 0
	8001000102−1　普通干混砂浆 砌筑砂浆 DM7.5	m³	0.236 0	0.211 0	0.265 2	0.228 0
	34000011　其他材料费占材料费	%	1.50	1.50	1.50	1.50
机械	9905000303　干混砂浆搅拌机 200 L	台班	0.037 8	0.033 8	0.042 4	0.036 5
	99460004　其他机具费占人工费	%	2.00	2.00	2.00	2.00

垫层

工作内容:1.混凝土浇筑、振捣、养护等。
　　　　　2.垫层铺设、抹平等。

单位:m³

编　号			5-1	5-2	5-3
项　目			基础垫层	楼地面垫层	
				混凝土	轻质垫层
工料机名称		单位	消耗量		
人工	0010501　综合用工二类	工日	0.189	0.285	0.257
材料	8021000802　预拌混凝土 C15	m³	1.010 0	1.010 0	—
	80350002　筑粒轻质垫层	m³	—	—	1.010 0
	34000011　其他材料费占材料费	%	1.50	1.50	1.50
机械	99460004　其他机具费占人工费	%	2.00	2.00	2.00

2018 年《重庆市房屋建筑与装饰工程计价定额》(摘录)

说明:重庆市城乡建设委员会于 2018 年 5 月 2 日颁布了 2018 年《重庆市房屋建筑与装饰工程计价定额》、《重庆市仿古建筑工程计价定额》、《重庆市通用安装工程计价定额》、《重庆市市政工程计价定额》、《重庆市园林绿化工程计价定额》、《重庆市构筑物工程计价定额》、《重庆市城市轨道交通工程计价定额》、《重庆市爆破工程计价定额》、《重庆市房屋修缮工程计价定额》、《重庆市绿色建筑工程计价定额》和《重庆市建设工程施工机械台班定额》、《重庆市建设工程施工仪器台班定额》、《重庆市建设工程混凝土及砂浆配合比》(以上简称重庆市2018 计价定额)。在此对 2018 年《重庆市房屋建筑与装饰工程计价定额》摘录部分内容,供读者了解。

总说明

一、《重庆市房屋建筑与装饰工程计价定额 第一册 建筑工程》(以下简称"本定额")是根据《房屋建筑与装饰工程消耗量定额》(TY-31—2015)、《房屋建筑与装饰工程工程量计算规范》(GB 50854—2013)、《重庆市建设工程工程量计算规则》(CQJLGZ—2013)、《重庆市建筑工程计价定额》(CQJZDE—2008),以及现行有关设计规范、施工验收规范、质量评定标准、国家产品标准、安全操作规程等相关规定,并参考了行业、地方标准及代表性的设计、施工等资料,结合本市实际情况进行编制的。

二、本定额适用于本市行政区域内的新建、扩建、改建的房屋建筑工程。

三、本定额是本市行政区域内国有资金投资的建设工程编制和审核施工图预算、招标控制价(最高投标限价)、工程结算的依据,是编制投标报价的参考,也是编制概算定额和投资估算指标的基础。

非国有资金投资的建设工程可参照本定额规定执行。

四、本定额是按正常施工条件,大多数施工企业采用的施工方法、机械化程度和合理的劳动组织及工期进行编制的,反映了社会平均人工、材料、机械消耗水平。本定额中的人工、材料、机械消耗量除规定允许调整外,均不得调整。

五、本定额综合单价是指完成一个规定计量单位的分部分项工程项目或措施项目所需的人工费、材料费、施工机具使用费、企业管理费、利润及一般风险费。综合单价计算程序见下表:

定额综合单价计算程序表

序号	费用名称	计费基础	
		定额人工费+定额机械费	定额人工费
	定额综合单价	1+2+3+4+5+6	1+2+3+4+5+6
1	定额人工费		
2	定额材料费		
3	定额机械费		
4	企业管理费	(1+3)×费率	1×费率
5	利润	(1+3)×费率	1×费率
6	一般风险费	(1+3)×费率	1×费率

A 土石方工程(0101)

说明

二、人工土石方

1.人工土方定额子目是按干土编制的,如挖湿土时,人工乘以系数1.18。

2.人工平基挖土石方定额子目是按深度1.5 m以内编制,深度超过1.5 m时,按下表增加工日。

单位:100 m²

类别	深 2 m 以内	深 4 m 以内	深 6 m 以内
土方	2.1	11.78	21.38
石方	2.5	13.90	25.21

注:深度在 6 m 以上时,在原有深 6 m 以内增加工日基础上,土方深度每增加 1 m,
增加 4.5 工日/100 m³,石方深度每增加 1 m,增加 5.6 工日/100 m²;其增加用工
的深度以主要出土方向的深度为准。

3.人工挖沟槽、基坑土方,深度超过 8 m 时,按 8 m 相应定额子目乘以系数 1.20;超过10 m
时,按 8 m 相应定额子目乘以系数 1.5。

三、机械土石方

1.机械土石方项目是按各类机型综合编制的,实际施工不同时不作调整。

2.土石方工程的全程运距,按以下规定计算确定:

(1)土石方场外全程运距按挖方区重心至弃方区重心之间的可以行驶的最短距离计算。

(2)土石方场内调配运输距离按挖方区重心至填方区重心之间循环路线的1/2 计算。

3.人装(机装)机械运土、石渣定额项目中不包括开挖土石方的工作内容。

4.机械挖运土方定额子目是按干土编制的,如挖、运湿土时,相应定额子目人工、机械乘
以系数 1.15。采用降水措施后,机械挖、运土不再乘以系数。

工程量计算规则

一、土石方工程

1.平整场地工程量按设计图示尺寸以建筑物首层建筑面积计算。建筑物地下室结构外
边线突出首层结构外边线时,其突出部分的建筑面积合并计算。

2.土石方的开挖、运输,均按开挖前的天然密实体积以"m³"计算。

3.挖土石方:

(1)挖一般土石方工程量按设计图示尺寸体积加放坡工程量计算。

(2)挖沟槽、基坑土石方工程量,按设计图示尺寸以基础或垫层底面积乘以挖土深度加工
作面及放坡工程量以"m³"计算。

(3)开挖深度按图示槽、坑底面至自然地面(场地平整的按平整后的标高)高度计算。

(4)人工挖沟槽、基坑如在同一沟槽、基坑内,有土有石时,按其土层与岩石不同深度分别
计算工程量,按土层与岩石对应深度执行相应定额子目。

定额项目表举例

A.1 土方工程(编码:010101)

A.1.1 人工土方工程

A.1.1.1 人工平整场地(编码:010101001)

工作内容:厚度±30cm以内的就地挖、填、找平、工作面内排水。

计量单位:100 m²

定额编号				AA0001	
项目名称				人工平整场地	
费用	综合单价/元			409.19	
	其中	人工费/元		357.90	
		材料费/元		—	
		施工机具使用费/元		—	
		企业管理费/元		38.58	
		利润/元		12.71	
		一般风险费/元		—	
	编码	名称	单位	单价/元	消耗量
人工	000300040	土石方综合工	工日	100.00	3.579

D.1.3 实心砖墙(编码:010401003)

工作内容:1.调运砂浆、铺砂浆、运砖、砌砖(包括窗台虎头砖、腰线、门窗套,安放木砖、铁件等)。

2.调运干混商品砂浆、铺砂浆、运砖、砌砖(包括窗台虎头砖、腰线、门窗套,安放木砖、铁件等)。

3.运湿拌商品砂浆、铺砂浆、运砖、砌砖(包括窗台虎头砖、腰线、门窗套,安放木砖、铁件等)。

计量单位:10 m³

定额编号				AD0016	AD0017	AD0018	AD0019
项目名称				370 砖墙			
				水泥砂浆			混合砂浆
				现拌砂浆 M5	干混商品砂浆	湿拌商品砂浆	现拌砂浆 M5
费用	综合单价/元			4 571.42	4 899.95	4 578.86	4 550.71
	其中	人工费/元		1 284.44	1 177.26	1 129.30	1 284.44
		材料费/元		2 686.47	3 190.66	3 014.55	2 665.76
		施工机具使用费/元		76.34	56.71	—	76.34
		企业管理费/元		327.95	297.38	272.16	327.95
		利润/元		175.81	159.43	145.91	175.81
		一般风险费/元		20.41	18.51	16.94	20.41
	编码	名称	单位	单价/元	消耗量		
人工	000300100	砌筑综合工	工日	115.00	11.169	10.237	9.820	11.169

定额编号						AD0016	AD0017	AD0018	AD0019
材料	041300010	标准砖 240×115×53	千块	422.33	5.290	5.290	5.290	5.290
	810104010	M5.0 水泥砂浆（特 稠度 70~90 mm）	m³	183.45	2.440	—	—	—
	810105010	M5.0 混合砂浆	m³	174.96	—	—	—	2.440
	850301010	干混商品砌筑砂浆 M5	t	228.16	—	4.148	—	—
	850302010	湿拌商品砌筑砂浆 M5	m³	311.65	—	—	2.489	—
	341100100	水	m³	4.42	1.070	2.290	1.070	1.070
机械	990610010	灰浆搅拌机 200 L	台班	187.56	0.407	—	—	0.407
	990611010	干混砂浆罐式搅拌机 20 000 L	台班	232.40	—	0.244	—	—

E.1 现浇混凝土

E.1.1 现浇混凝土基础（编码:010501）

E.1.1.1 垫层（编码:010501001）

工作内容:1.自拌混凝土:搅拌混凝土、水平运输、浇捣、养护等。

2.商品混凝土:浇捣、养护等。

计量单位:10 m³

定额编号					AE0001	AE0002	AE0003	AE0004
项目名称					楼地面垫层		基础垫层	
					自拌混凝土	商品混凝土	自拌混凝土	商品混凝土
费用	综合单价/元				3 771.49	3 170.38	3 884.00	3 280.98
	其中	人工费/元			807.30	305.90	884.35	382.95
		材料费/元			2 375.15	2 746.65	2 380.93	2 750.52
		施工机具使用费/元			200.74	—	200.74	—
		企业管理费/元			242.94	73.72	261.51	92.29
		利润/元			130.24	39.52	140.19	49.48
		一般风险费/元			15.12	4.59	16.28	5.74
	编码	名称	单位	单价/元	消耗量			
人工	000300080	混凝土综合工	工日	115.00	7.020	2.660	7.690	3.330
材料	800206020	混凝土 C20（塑、特、碎 5~31.5,坍 10~30）	m³	229.88	10.100	—	10.100	—
	840201140	商品混凝土	m³	266.99	—	10.150	—	10.150
	341100100	水	m³	4.42	7.330	3.560	8.150	3.950
	341100400	电	kW·h	0.70	2.310	2.310	2.310	2.310
	002000010	其他材料费	元	—	19.35	19.35	21.50	21.50
机械	990602020	双锥反转出料混凝土搅拌机 350 L	台班	226.31	0.887	—	0.887	—

2020 年《四川省建设工程工程量清单计价定额》(摘录)

总说明

二、适用范围

(一)本定额适用于四川省行政区域内的工程建设项目计价,具体专业工程如下:

房屋建筑与装饰工程:适用于工业与民用房屋建筑工程以及建筑物和构筑物的装饰、装修工程及拆除。

仿古建筑工程:适用于传统做法的仿古建筑物、构筑物和纪念性建筑以及现代建筑的仿古部分。

通用安装工程:适用于工业与民用安装工程。

市政工程:适用于市政建设工程。

园林绿化工程:适用于园林绿化工程。

构筑物工程:适用于构筑物工程。

爆破工程:适用于建筑物、构筑物、基础设施等开挖石方爆破工程。

城市轨道交通工程:适用于城市轨道交通的土石方、路基、围护结构、高架桥、地下区间、地下结构、轨道、通信、信号、供电、智能与控制系统安装、机电设备安装、车辆基地工艺设备以及拆除工程等。

既有及小区改造房屋建筑维修与加固工程:适用于既有及小区房屋改造的房屋建筑工程拆换、维修、零星修补、抗震加固工程以及局部改造,不包括改建、扩建。

城市地下综合管廊工程:适用于城市地下综合管廊本体(含标准段、吊装口、通风口、管线分支口、端部井等)工程。

绿色建筑工程:适用于绿色建筑工程。

装配式建筑工程:适用于建筑装配式品件、构件的安装工程。

城市道路桥梁养护维修工程:适用于城市道路桥梁养护、维修、应急抢险等工程。

排水管网非开挖修复工程:适用于市政排水管道非开挖修复工程。

建筑安装工程费用:适用于与工程建设项目各专业工程相配套的各项费用。

其他项目:适用于与工程建设项目各专业工程相配套的其他项目。

附录一施工机具台班费用定额:适用于与工程建设项目各专业工程相配套的施工机械及仪器仪表使用台班费用单价。

附录二混凝土及砂浆配合比:适用于与工程建设项目各专业工程相配套的混凝土及砂浆配合比。

(二)凡使用国有资金投资的建设工程应按有关规定执行本定额。

三、定额作用

本定额是编审建设工程设计概算、施工图预算、最高投标限价(招标控制价、招标标底)、调解处理工程造价纠纷、鉴定及控制工程造价的依据。

本定额是招标人组合综合单价,衡量投标报价合理性的基础。

本定额是投标人组合综合单价,确定投标报价的参考。

本定额是编制建设工程投资估算等指标的基础。

四、消耗量标准

本定额的消耗量标准是根据国家现行设计标准、施工质量验收规范和安全技术操作规程,以正常的施工条件、合理的施工组织设计、施工工期、施工工艺为基础,结合四川省的施工技术水平和施工机械装备程度进行编制的,它反映了社会的平均水平,因此,除定额允许调整外,定额中的材料消耗量不得变动,如遇特殊情况,需报经工程所在地工程造价管理机构同意,并报省建设工程造价总站备查后方可调整。

五、综合基价

本定额综合基价是由完成一个规定计量单位的分部分项工程项目或措施项目的工程内容所需的人工费、材料和工程设备费、施工机具使用费、企业管理费、利润所组成。

2020 年《四川省建设工程工程量清单计价定额——房屋建筑与装饰工程》
册说明

四、本定额的混凝土和砂浆是按过筛净砂编制的,各地应将过筛人工费和损耗纳入材料预算价格,定额考虑了砂的膨胀率。因质量要求现场过筛的人工费及筛砂损耗已包括在定额内,不另计算。

五、本定额的混凝土和砂浆强度等级,如设计要求与定额不同时,允许按《四川省建设工程工程量清单计价定额——构筑物工程、爆破工程、建筑安装工程费用、附录》换算,但定额中各种配合比的材料用量不得调整。

六、本定额的现场搅拌混凝土按特细砂编制、现场搅拌砂浆按(特)细砂编制,计算时按实际使用砂的种类分别套用相应定额项目。与定额不同时,允许按《四川省建设工程工程量清单计价定额——构筑物工程、爆破工程、建筑安装工程费用、附录》换算。

七、本定额现浇混凝土构件是按现场搅拌非泵送编制的,商品混凝土以成品基价(含泵送费)的形式表现。若现浇混凝土构件使用商品混凝土,按工程所在地工程造价管理部门规定,对商品混凝土价差进行单项价差调整。

八、本定额预拌砂浆项目是以成品基价的形式表现。各地应按工程所在地工程造价管理部门规定,对预拌砂浆价差进行单项价差调整。

A 土石方工程
说明

二、土石方工程

(一)"平整场地"项目适用于建筑场地厚度≤±30 cm 的挖、填、运、找平。

1.不论机械或人工平整场地,均按本项目计算。

2.厚度>±30 cm 的竖向布置挖土或山坡切土,应按 A.1 中挖土方项目计算,按竖向布置(超过 30 cm 的挖、填土方,用方格网控制挖填至设计标高就叫按竖向布置挖填土方)进行挖填土方时,不得再计算平整场地的工程量。

(二)土方大开挖、沟槽、基坑定额均按干湿土综合编制。

(三)挖沟槽、基坑土方深度超过 6 m 时,按深 6 m 定额乘以系数 1.2 计算;超过 8 m 时,按深 6 m 定额乘以系数 1.6 计算。

(四)土方大开挖深度超过 6 m 时,按相应定额项目乘以系数 1.3。

工程量计算规则

一、平整场地:按设计图示尺寸以建筑物首层建筑面积计算。

二、挖一般土方,挖沟槽、基坑及管沟土方:按设计图示尺寸和有关规定以体积计算。

三、挖土方、沟槽、基坑需放坡时,应按经发包人认可的施工组织设计规定计算。如编制工程量清单及招标控制价或施工组织设计无规定时,按下表规定计算:

放坡系数表

土类别	放坡起点/m	人工挖土	机械挖土		
			在坑内作业	在坑上作业	顺沟槽在坑上作业
一、二类土	1.20	1:0.5	1:0.33	1:0.75	1:0.5
三类土	1.50	1:0.33	1:0.25	1:0.67	1:0.33
四类土	2.00	1:0.25	1:0.10	1:0.33	1:0.25

注:1.沟槽、基坑中土类别不同时,分别按其放坡起点、放坡系数,依不同土类别厚度加权平均计算
   2.计算放坡时,在交接处的重复工程量不予扣除,原槽、坑作基础垫层时,放坡自垫层上表面开始计算

定额项目表举例

A.1 土方工程(编码:010101)

A.1.1 平整场地(编码:010101001)

工作内容:标高≤±300 mm的挖填找平。

单位:100 m²

定额编号		AA0001
项目		平整场地
综合基价/元		129.10
其中	人工费/元	57.27
	材料费/元	—
	机械费/元	54.22
	管理费/元	5.46
	利润/元	12.15
名称	单位	数量
机械 柴油	L	(4.641)

A.1.2 挖一般土方(编码:010101002)

工作内容:1.人工挖土包括挖土、修理边坡。

2.机械挖土方包括挖土,弃土于5以内,清理机下余土;人工清底修边。

3.机械挖装土方包括挖土,装土,清理机下余土;人工清底修边。

单位:100 m³

定额编号			AA0002	AA0003	AA0004
项目			人工挖零星土方	机械挖土方(大开挖)	机械挖装土方(大开挖)
综合基价/元			3 482.61	720.58	905.47
其中	人工费/元		3 007.44	338.28	382.44
	材料费/元		—	—	—
	机械费/元		—	283.98	399.49
	管理费/元		147.36	30.49	38.31
	利润/元		327.81	67.83	85.23
名称	单位	单价/元	数量		
机械 柴油	L		—	(24.718)	(37.164)

D.1.3 实心砖墙(编码:010401003)

工作内容:1.调、运、铺砂浆。

2.安放木砖、铁件、砌砖。

单位:10 m³

定额编号			AD0011	AD0012	AD0013	AD0014	AD0015	AD0016
项目			砖墙					
			混合砂浆(细砂)	水泥砂浆(细砂)	混合砂浆(特细砂)	水泥砂浆(特细砂)	干混砂浆	湿拌砂浆
			M5					
综合基价/元			4 981.81	4 986.43	4 967.47	4 978.57	5 318.12	5 093.10
其中	人工费/元		1 754.16	1 754.16	1 754.16	1 754.16	1 603.68	1 548.12
	材料费/元		2 671.50	2 676.12	2 657.16	2 668.26	3 211.55	3 063.52
	机械费/元		8.09	8.09	8.09	8.09	3.16	—
	管理费/元		167.41	167.41	167.41	167.41	152.65	147.07
	利润/元		380.65	380.65	380.65	380.65	347.08	334.39
名称	单位	单价/元	数量					
水泥混合砂浆(细砂)M5	m³	227.60	2.313	—	—	—	—	—
水泥砂浆(细砂)M5	m³	229.60	—	2.313	—	—	—	—
水泥混合砂浆(特细砂)M5	m³	221.40	—	—	2.313	—	—	—
水泥砂浆(特细砂)M5	m³	226.20	—	—	—	2.313	—	—
材料 干混砌筑砂浆	t	270.00	—	—	—	—	3.950	—
湿拌砌筑砂浆	m³	400.00	—	—	—	—	—	2.301
标准砖	千匹	400.00	5.340	5.340	5.340	5.340	5.340	5.340
水泥 32.5	kg		(414.027)	(522.738)	(432.531)	(557.433)	—	—
石灰膏	m³		(0.324)	—	(0.324)	—	—	—
细砂	m³		(2.683)	(2.683)	—	—	—	—
特细砂	m³		—	—	(2.729)	(2.729)	—	—
水	m³	2.80	1.236	1.236	1.236	1.236	1.233	0.542
其他材料费	元		5.600	5.600	5.600	5.600	5.600	5.600

E.1 现浇混凝土基础(编码:010501)

E.1.1 垫层(编码:010501001)

工作内容:冲洗石子、混凝土搅拌、运输、浇捣、养护等全部操作过程。　　　　　单位:10 m³

定额编号			AE0001	AE0002	AE0003	AE0004
项目			基础混凝土垫层(特细砂)	楼地面混凝土垫层(特细砂)	楼地面混凝土垫层	
			C15		炉渣	矿渣
综合基价/元			3 847.60	3 696.30	2 387.80	2 340.60
其中	人工费/元		837.57	730.83	621.84	621.84
	材料费/元		2 652.64	2 652.64	1 529.04	1 481.84
	机械费/元		27.72	24.90	—	—
	管理费/元		100.37	87.66	72.13	72.13
	利润/元		229.30	200.27	164.79	164.79
名称	单位	单价/元	数量			
材料	混凝土(塑·特细砂、砾石粒径≤40 mm)C15	m³	258.40	10.150	10.150	—	—
	炉渣混凝土 C50	m³	148.70	—	—	10.150	—
	水泥石灰矿渣1:1:8	m³	144.05	—	—	—	10.150
	水泥 32.5	kg		(2 811.550)	(2 811.550)	(1 451.450)	(1 806.700)
	特细砂	m³		(4.669)	(4.669)	—	—
	砾石 5~40 mm	m³		(9.846)	(9.846)	—	—
	炉渣	m³		—	—	(14.921)	—
	矿渣	m³		—	—	—	(12.079)
	生石灰	kg		—	—	(1 218.000)	(903.350)
	水	m³	2.80	7.258	7.258	7.045	7.045
	其他材料费	元		9.560	9.560		

2020年《四川省建设工程工程量清单计价定额——建筑安装工程费用》

册说明

一、建筑安装工程费用项目组成

建筑安装工程费由分部分项工程费、措施项目费、其他项目费、规费、税金组成,分部分项工程费、措施项目费、其他项目费包含人工费、材料费、施工机具使用费、企业管理费和利润。

二、费用说明

(一)分部分项工程费

分部分项工程费是指各专业工程的分部分项工程应予列支的各项费用。

1.专业工程:是指按现行国家计量规范划分的房屋建筑与装饰工程、仿古建筑工程、通用安装工程、市政工程、园林绿化工程、构筑物工程、城市轨道交通工程、既有及小区改造房屋建筑维修与加固工程、爆破工程等各类工程、城市地下综合管廊工程、装配式建筑工程、城市道路桥梁养护维修工程、绿色建筑工程、排水管网非开挖修复工程。

2.分部分项工程:指按现行国家计量规范对各专业工程划分的项目,如房屋建筑与装饰工程的土石方工程、地基处理与边坡支护工程、桩基工程、混凝土及钢筋混凝土工程等。

(二)措施项目费

1.单价措施项目费:具体内容详见各专业工程定额"措施项目"分部。本定额未列出的单价措施项目,可根据工程实际情况补充。

2.总价措施项目费:总价措施项目费包括安全文明施工费、夜间施工增加费、二次搬运费、冬雨季施工增加费、已完工程及设备保护费、工程定位复测费。

(1)除本定额另有规定外,安全文明施工费中的环境保护费、文明施工费、安全施工费、临时设施费计价按《四川省建设工程安全文明施工费计价管理办法》实施管理。

(2)本定额的安全文明施工费中已归并了工程扬尘污染防治、建筑工人实名制管理等措施费。扬尘污染防治费是指施工现场扬尘污染预防和治理所需要的各项费用。建筑工人实名制管理费是指施工企业为进行建筑工人实名制管理及硬件设施、设备配备所发生的费用。

(3)本定额未列出的总价措施项目,可根据工程实际情况补充。

(三)其他项目费

其他项目费包括暂列金额、暂估价、计日工、总承包服务费。

(四)规费

本费用定额的规费包括社会保险费和住房公积金,即养老保险费、企业保险费、医疗保险费、生育保险费、工伤保险费、住房公积金。

(五)税金

1.税金包括增值税、城市维护建设税、教育费附加及地方教育附加。

2.增值税分一般计税和简易计税。

费用计算

一、总价措施项目费

(一)安全文明施工费

安全文明施工费不得作为竞争性费用。环境保护费、文明施工费、安全施工费、临时设施费分基本费、现场评价费两部分计取。

1.在编制设计概算、施工图预算、招标控制价(最高投标限价、标底)时应足额计取,即环境保护费、文明施工费、安全施工费、临时设施费费率按基本费费率加现场评价费最高费率计列。

$$环境保护费费率=环境保护基本费费率×2$$
$$文明施工费费率=文明施工基本费费率×2$$
$$安全施工费费率=安全施工基本费费率×2$$
$$临时设施费费率=临时设施基本费费率×2$$

2.在编制投标报价时,应按招标人在招标文件中公布的安全文明施工费金额计取。

3.编制工程竣工结算时,安全文明施工费按如下规定计取:(略)

(二)其他总价措施项目费

夜间施工增加费、二次搬运费、冬雨季施工增加费、已完工程及设备保护费、工程定位复测费等其他总价措施项目费应根据拟建工程特点确定。

其他总价措施项目计取标准(略)。

二、其他项目费(略)

三、规费(略)

四、税金(略)

请扫二维码,详细了解四川省建设工程建筑安装工程费的计算规定。

四川省建设工程
建筑安装工程费
的计算规定